Thomas Heidenreich

Videobasierte Mehrfachobjektverfolgung in Echtzeit

GRIN Verlag

Bibliografische Information der Deutschen Nationalbibliothek:

Die Deutsche Bibliothek verzeichnet diese Publikation in der Deutschen Nationalbibliografie; detaillierte bibliografische Daten sind im Internet über http://dnb.d-nb.de/ abrufbar.

Impressum:

Druck und Bindung: Books on Demand GmbH, Norderstedt Germany
ISBN: 978-3-640-13631-5

Dieses Buch bei GRIN:

http://www.grin.com/de/e-book/113104/videobasierte-mehrfachobjektverfolgung-in-echtzeit

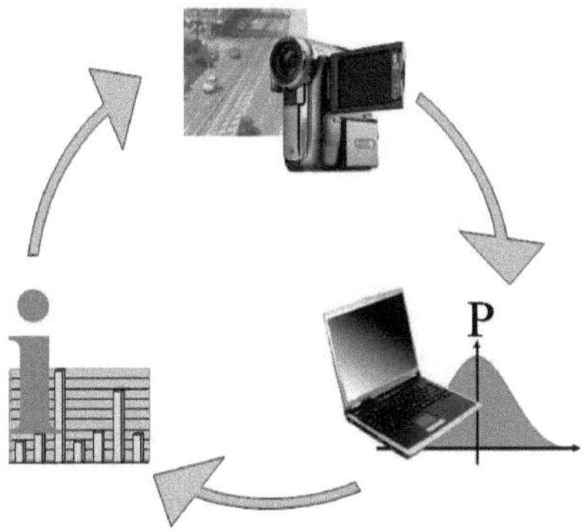

Videobasierte Mehrfachobjektverfolgung in Echtzeit

Thomas Heidenreich

Diplomarbeit

Vorgelegt am 23.Mai 2005

Technische Universität Darmstadt
Institut für Automatisierungstechnik
Fachgebiet Regelungstheorie und Robotik

Inhaltsverzeichnis

Abbildungsverzeichnis

Einführung

Heutzutage wird in vielen Sicherheits- und Servicebereichen Videoberwachung eingesetzt, um Gefahrensituationen erkennen und Informationen gewinnen zu können. Immer öfter kommt es dabei zum Einsatz von Videokameras und Webcams, deren Qualität ständig steigt und deren Preis-Leistungsverhältnis sich ebenfalls zunehmend verbessert. Die Verarbeitungskette der Bilddaten ist aber im Allgemeinen nicht übermäßig lang und endet meist schon mit der einfachen Bildanzeige in Überwachungsmonitoren oder mit der Speicherung der Bilddaten auf Datenträgern zwecks Archivierung. Eine Auswertung und Bewertung dieser Bildinformationen erfordert immer noch in den häufigsten Fällen das Urteils- und Entscheidungsvermögen eines Menschen und ist im Regelfall noch nicht selbständig von einem automatisierten System durchführbar. Existierende Auswertungssoftware ist zum überwiegenden Teil auf bestimmte definierte Umgebungen oder Objekte spezialisiert und daher auf nur wenige Einsatzmöglichkeiten beschränkt. Treten hier beispielsweise Szenerieänderungen, Wetter- oder Beleuchtungsschwankungen auf, so kommt es häufig zu Fehlverhalten und damit zur Beschneidung der Sicherheitsgewährleistung. Gerade in Sicherheitssystemen ist jedoch die Zuverlässigkeit von absolut zentraler Bedeutung.
In dieser Arbeit wird der Versuch unternommen, ein solches System zu entwerfen, welches unabhängig von den genannten Einflussfaktoren ist und das eigenständig und ohne menschliche Überwachung arbeitet. Das hier vorgestellte System soll dazu dienen, in Echtzeit mehrere bewegte Objekte innerhalb einer Bildfolge zu erkennen und diese auch zu verfolgen. In herkömmlichen Anwendungen werden Bewegungsschätzungen von bewegten Objekten im Allgemeinen durch Geschwindigkeitsvektoren repräsentiert, die jedem Bildpunkt eine bestimmte Geschwindigkeit zuordnen. Diese Darstellungsweise ist jedoch für eine eindeutige Beschreibung von Bewegungen nicht ausreichend und kann daher zu größeren Fehlern bei der Schätzung führen. Eine Lösung hierfür stellt der Einsatz von bestehenden Schätzverfahren dar, welche auf einer Beschreibung der Geschwindigkeiten jedes Bildpunktes durch Wahrscheinlichkeitsverteilungen beruhen. Hierbei werden die Geschwindigkeiten von Bildbereichen innerhalb eines Bildes als statistisches Signal aufgefasst, so dass bestimmte Bildmerkmale mit einer Wahrscheinlichkeit beschrieben werden können. Auf dieser Grundlage wird dann ein Verfahren entworfen, welches zur Erkennung von bewegten Objekten dient. Dabei werden Wahrscheinlichkeitsverteilungen dazu benutzt, um Bereiche innerhalb eines Bildes zu bestimmen, die sich homogen mit der gleichen Geschwindigkeit bewegen. Diese Bereiche können dann gezielt untersucht und bewegten Objekten zugeord-

net werden.
Im Kapitel 1 werden zunächst die Grundlagen für die Beschreibung von Bildbewegungen mit Wahrscheinlichkeiten vorgestellt. Es folgt dann in Kapitel 2 die effiziente Umsetzung des vorgestellten Modells, bevor in Kapitel 3 auf das eigentliche Ziel dieser Arbeit, die Objektverfolgung, eingegangen wird. Kapitel 4 zeigt, wie sich aus dem vorgestellten Verfahren eine einfache Anwendung realisieren lässt. In Kapitel 5 wird die programmtechnische Umsetzung der Algorithmen zusammengefasst und das letzte Kapitel 6 zeigt Ergebnisse des entworfenen Systems.

1 Grundlagen

1.1 Likelihood-Wahrscheinlichkeit

Zunächst werden hier die Notationen vorgestellt, die im weiteren für die mathematische Beschreibung des Systemmodells verwendet werden.

a, A	Skalar
$\mathbf{a}$	Vektor
$\mathbf{A}$	Matrix oder 2D Bild
$\mathbb{1}$	Einservektor
$\mathbf{1}$	Einsermatrix
$\mathbf{A}\odot\mathbf{B}$	Komponentenweise Multiplikation zweier Matrizen
$\mathbf{A}^{@}$	Komponentenweise Potenzierung einer Matrix mit α

Jedes Bild $\mathbf{I}^t$ einer Bildsequenz zum Zeitpunkt t besteht aus Pixeln an den Orten $\mathbf{x}$. Jedem Pixel werden Eigenschaften wie z.B. Grauwert $G^t_{\mathbf{x}}$ oder Geschwindigkeitsvektor $\mathbf{v}^t_{\mathbf{x}}$ zugeordnet. Für das gesamte Bild $\mathbf{I}^t$ ist dann $\mathbf{G}^t$ die Matrix aller Grauwerte. Um Informationen über die Veränderungen des Bewegungsflusses in einer Bildsequenz zu erhalten, werden gewöhnlich Bereiche von zwei aufeinanderfolgenden Bildern $\mathbf{I}^t$ und $\mathbf{I}^{t+\Delta t}$ miteinander verglichen. Ein solcher Bereich eines Bildes $\mathbf{I}^t$ wird mit $\mathbf{W}\odot\mathbf{G}^{t,\mathbf{x}}$ definiert, wobei $\mathbf{G}^{t,\mathbf{x}}$ alle Grauwerte des Bildes $\mathbf{I}^t$ sind, die um den Wert $\mathbf{x}$ verschoben wurden. Die Matrix $\mathbf{W}$ ist ein räumliches 2D-Fenster, welches die Größe des Bildbereiches festlegt und eine Gewichtung (z.B. Gauss-Fenster) enthalten kann. Die Zeitdifferenz Δt zwischen zwei aufeinanderfolgenden Bildern wird hier als eine Funktion der Zeit t selbst angesetzt. Sie ist also nicht konstant und kann sich mit der Zeit ändern. Dies ist von Vorteil, wenn man bedenkt, daß die nachfolgenden Algorithmen auf einem Rechner implementiert und ausgeführt werden sollen. Denkbar wäre, daß parallel noch andere Programme bearbeitet werden und somit die notwendigen Ressourcen nicht kontinuierlich für die hiesigen Algorithmen verfügbar sind. Daher kann es zu Verzögerungen bei der Bildaufnahme oder der Berechnung selbst kommen. Die Zeitdifferenz zwischen zwei Bildern ist also

$$\Delta t = \Delta t\,(t)\,. \tag{1}$$

Die Vorgehensweise für die Schätzung der im Bild enthaltenen Geschwindigkeiten soll im folgenden erklärt werden. Es wird zunächst angenommen, daß sich alle Grauwerte innerhalb des Bildbereiches um den Punkt $\mathbf{x}$ für eine gewisse Zeit Δt mit gemeinsamer Geschwindigkeit $\mathbf{v}^t_{\mathbf{x}}$ bewegen. Dies bedeutet, daß sich der gesamte Bildbereich $\mathbf{W}\odot\mathbf{G}^{t,\mathbf{x}}$ des Bildes $\mathbf{I}^t$ gleichförmig mit der Geschwindigkeit

$\mathbf{v}_\mathbf{x}^t = \Delta\mathbf{x}/\Delta t$ bewegt und nach der Zeit Δt im Bild $\mathbf{I}^{t+\Delta t}$ wieder an der Position $\mathbf{x} + \Delta\mathbf{x}$ erscheint . Es gilt somit

$$\mathbf{W}\odot\mathbf{G}^{t+\Delta t,\mathbf{x}+\Delta\mathbf{x}} = \mathbf{W}\odot\mathbf{G}^{t,\mathbf{x}} \quad . \tag{2}$$

Zusätzlich wird angenommen, daß den Grauwerten ein Rauschen überlagert ist und daß Helligkeits- und Kontrastschwankungen im Bild auftreten. Bezeichnet man das Rauschen mit dem Faktor η, die Helligkeits- und Kontrastschwankungen mit Offset κ bzw. dem Skalierungsfaktor λ, so lässt sich der Zusammenhang zwischen zwei Bildbereichen schreiben als

$$\mathbf{W}\odot\mathbf{G}^{t+\Delta t,\mathbf{x}+\Delta\mathbf{x}} = \lambda\mathbf{W}\odot\mathbf{G}^{t,\mathbf{x}} + \kappa\,\mathbf{W} + \eta\,\mathbf{1} \quad . \tag{3}$$

Wird das Rauschen modelliert als mittelewertfreies Gaußsches Rauschen mit der Varianz σ_η, so lässt sich die Wahrscheinlichkeit, daß zwei Bereiche $\mathbf{W}\odot\mathbf{G}^{t+\Delta t,\mathbf{x}+\Delta\mathbf{x}}$ und $\mathbf{W}\odot\mathbf{G}^{t,\mathbf{x}}$ zusammenpassen, ausdrücken als

$$\begin{aligned} &\rho_{\lambda,\kappa,\sigma_\eta}(\mathbf{G}^{t+\Delta t,\mathbf{x}+\Delta\mathbf{x}}, \mathbf{G}^{t,\mathbf{x}}|\mathbf{v}_\mathbf{x}^t, \mathbf{W}) = \\ &= \frac{1}{\sigma_\eta\sqrt{2\pi}} e^{-\frac{1}{2\sigma_\eta^2}\left\|\mathbf{W}\odot\left(\lambda\,\mathbf{G}^{t,\mathbf{x}} + \kappa\,\mathbf{1} - \mathbf{G}^{t+\Delta t,\mathbf{x}+\Delta\mathbf{x}}\right)\right\|^2} \quad . \end{aligned} \tag{4}$$

Die Einflüsse der Helligkeits- und Kontrastschwankungen lassen sich hierin minimieren und man erhält dann als Ergebnis die von den Parametern λ und κ unabhängige Wahrscheinlichkeit

$$\begin{aligned} &\rho_{\lambda,\kappa,\sigma_\eta}(\mathbf{G}^{t+\Delta t,\mathbf{x}+\Delta\mathbf{x}}, \mathbf{G}^{t,\mathbf{x}}|\mathbf{v}_\mathbf{x}^t, \mathbf{W}) = \\ &= \rho^t(\mathbf{x}|\mathbf{v}) = \\ &= \frac{1}{\sigma_\eta\sqrt{2\pi}} e^{-\frac{1}{2}\cdot\left(\frac{\sigma_{\mathbf{G}^{t,\mathbf{x}}}}{\sigma_\eta}\right)^2\left(1-\varrho^2_{\mathbf{G}^{t,\mathbf{x}},\mathbf{G}^{t+\Delta t,\mathbf{x}+\mathbf{v}\cdot\Delta t}}\right)} \quad . \end{aligned} \tag{5}$$

Zur Vereinfachung wurde $\mathbf{G}^{t,\mathbf{x}}$ und $\mathbf{G}^{t+\Delta t,\mathbf{x}+\Delta\mathbf{x}}$ durch $\mathbf{x}$ ersetzt und σ_η sowie $\mathbf{W}$ weggelassen. Der Korrelationskoeffizient $\varrho^2_{\mathbf{G}^{t,\mathbf{x}},\mathbf{G}^{t+\Delta t,\mathbf{x}+\mathbf{v}\cdot\Delta t}}$ berechnet sich wie folgt zu

$$\varrho_{\mathbf{X},\mathbf{Y}} = \frac{1}{\sigma_\mathbf{X}\cdot\sigma_\mathbf{Y}}\big\langle(\mathbf{X} - \mu_\mathbf{X}\mathbf{1})\odot(\mathbf{Y} - \mu_\mathbf{Y}\mathbf{1})\big\rangle \quad \text{mit} \tag{6}$$

$$\mu_\mathbf{X} = \langle\mathbf{X}\rangle := \frac{{}_{\mathbf{1}}{}^T\mathbf{X}\odot\mathbf{W}^{②}{}_{\mathbf{1}}}{{}_{\mathbf{1}}{}^T\mathbf{W}^{②}{}_{\mathbf{1}}} \quad \text{und} \tag{7}$$

$$\sigma_\mathbf{X}^2 = \langle\mathbf{X}^{②}\rangle - \langle\mathbf{X}\rangle^2 \tag{8}$$

Der Ausdruck $\rho^t(\mathbf{x}|\mathbf{v})$ beschreibt die Wahrscheinlichkeit, daß sich Bildpunkte zum Zeitpunkt t mit der Geschwindigkeit $\mathbf{v}$ zum Ort $\mathbf{x}$ bewegt haben. Er wird im weiteren als *Likelihood-Messung* bezeichnet.

1.2 Integration über Zeit und Raum

Um aus der vorgestellten Messung $\rho^t(\mathbf{x}|\mathbf{v})$ eine Wahrscheinlichkeit $\rho^t(\mathbf{v}|\mathbf{x})$ für die Geschwindigkeiten zu bekommen, wird die Bayessche Inferenz angewendet. $\rho^t(\mathbf{v}|\mathbf{x})$ ist die Wahrscheinlichkeit, daß sich die Bilddaten an dem Ort $\mathbf{x}$ mit der Geschwindigkeit v durch das Bild bewegen. Durch das Bayessche Theorem wird die Likelihood-Messung verknüpft mit einer *A-Priori*-Wahrscheinlichkeit $\rho(\mathbf{v})$ zu der *A-Posteriori*-Wahrscheinlichkeit

$$\rho^t(\mathbf{v}|\mathbf{x}) \sim \rho^t(\mathbf{x}|\mathbf{v})\rho(\mathbf{v}) \quad . \tag{9}$$

Hierbei ist $\rho(\mathbf{v})$ eine Geschwindigkeitsverteilung für das gesamte Bild, die an keinerlei Bedingungen hinsichtlich Bilddaten gebunden ist.
Wird nun eine ganze Folge von Bildern untersucht und liegen Schätzungen von vergangenen Zeitpunkten vor, so können diese Schätzungen dazu verwendet werden, um den A-Priori-Schätzwert anzunähern und zu aktualisieren. Dies führt zur modifizierten Schätzgleichung für den A-Posteriori-Wert

$$\rho^t(\mathbf{v}|\mathbf{x}) \sim \rho^t(\mathbf{x}|\mathbf{v})\hat{\rho}^t_{\mathbf{x}}(\mathbf{v}) \; . \tag{10}$$

Die angenäherte A-Priori-Wahrscheinlichkeit $\hat{\rho}^t_{\mathbf{x}}(\mathbf{v})$ ist abhängig von der Zeit t und vom Ort $\mathbf{x}$. Sie ist eine Prädiktion der Geschwindigkeitsverteilung aufgrund von Wahrscheinlichkeitsdichten $\rho^{t-\Delta t}(\mathbf{v}|\mathbf{x})$ vorheriger Zeitpunkte. Es sind also zwei Operationen notwendig, um den A-Posteriori-Wert zu berechnen. Zuerst muss der A-Priori-Wert prädiziert werden und danach muss die Aktualisierung des A-Posteriori-Wertes erfolgen. Die Aktualisierung verknüpft die aktuelle Likelihood-Messung mit dem aktuellen prädizierten A-Priori-Wahrscheinlichkeitswert $\hat{\rho}^t_{\mathbf{x}}(\mathbf{v})$, siehe Abbildung 1.

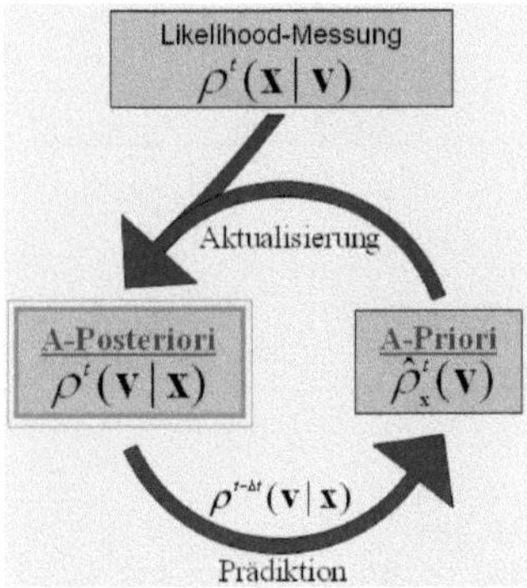

Bild 1: Zeitliche Propagation: Die A-Posteriori-Wahrscheinlichkeit $\rho^t(\mathbf{v}|\mathbf{x})$ wird aktualisiert mit Hilfe der aktuellen Likelihood-Messung $\rho^t(\mathbf{x}|\mathbf{v})$ und der aktuellen prädizierten A-Priori-Wahrscheinlichkeit $\hat{\rho}^t_{\mathbf{x}}(\mathbf{v})$

Die Prädiktion dieses Wahrscheinlichkeitswertes verwendet die A-Posteriori-Wahrscheinlichkeit $\rho^{t-\Delta t}(\mathbf{v}|\mathbf{x})$ des vorherigen Zeitschrittes und kann auf zwei Arten erfolgen:

- Unter der Annahme, daß sich die Bildbereiche aus der Likelihood - Messung statistisch unabhängig voneinander bewegen, lautet die *Prädiktionsgleichung für unkorrelierte Bildbereiche*

$$\hat{\rho}^t_{\mathbf{x}}(\mathbf{v}) \sim \rho^{t-\Delta t}(\mathbf{v}|\mathbf{x} - \mathbf{v} \cdot \Delta t) \ . \tag{11}$$

  Diese Berechnung wird für alle Pixel und für jede untersuchte Geschwindigkeit $\mathbf{v}$ durchgeführt und erfordert anschliessend eine Normierung über alle Geschwindigkeiten, damit die Summe aller prädizierten, zu einem Pixel $\mathbf{x}$ gehörigen A-Priori-Wahrscheinlichkeiten Eins ergibt $\sum_{\mathbf{v}} \hat{\rho}^t_{\mathbf{x}}(\mathbf{v}) = 1$. In Abbildung 2 ist das Berechnungsschema dargestellt.

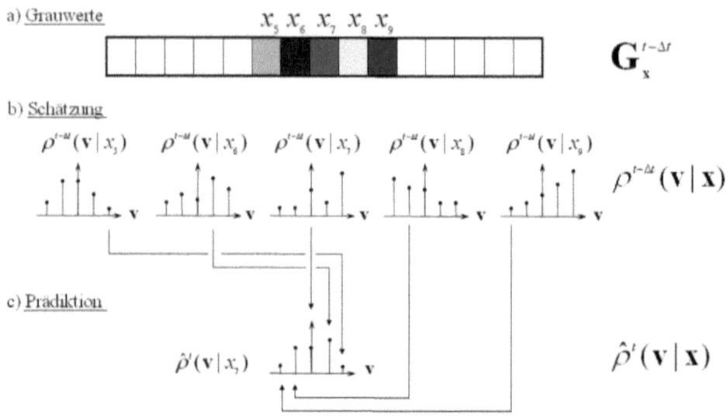

Bild 2: Funktionsprinzip der zeitlichen Propagation der Geschwindigkeitsverteilungen verdeutlicht an enem eindimensionalen Beispiel. In a) ist ein Ausschnitt der Grauwerte des Bildes $\mathbf{G}_{\mathbf{x}}^{t-\Delta t}$ mit den Pixeln x_5 bis x_9 zu sehen. Unter b) sind die zugehörigen geschätzten Geschwindigkeitsverteilungen zum Zeitpunkt $t-\Delta t$ gezeigt. Um eine Prädiktion der Geschwindigkeitsverteilungen zum Zeitpunkt t zu erhalten, werden diese Verteilungen miteinander verknüpft. Das Prädiktionsergebnis $\hat{\rho}^t(\mathbf{v}|x_7)$ dieser Verknüpfung ist beispielhaft für den Pixel x_7 in c) gezeigt.

- Geht man davon aus, daß ein gewisser statistischer Zusammenhang zwischen den Bewegungen der Bilbereiche besteht, so ist es sinnvoll, auch die Wahrscheinlicheitswerte in einer Umgebung $\mathbf{x}'$ eines Pixels $\mathbf{x}$ zu berücksichtigen. Die Beiträge der einzelnen Wahrscheinlichkeiten können gewichtet werden mit einem Fenster $\hat{\mathbf{W}}^{\mathbf{x}}_{\mathbf{v},\mathbf{x}'}$, je nachdem wie groß die Bildbereiche sind und wie weit sie sich überlappen. Desweiteren ist dieses Fenster variabel für verschiedene untersuchte Geschwindigkeiten $\mathbf{v}$. Dies bietet die Möglichkeit, daß man beispielsweise jene Wahrscheinlichkeitswerte stärker gewichten kann, die sich im Bezug auf eine Position $\mathbf{x}$ in Richtung der Geschwindigkeit $\mathbf{v}$ befinden. Dies hat den Vorteil, daß sich damit hinter bewegten Objekten eine schweifartige Ausbildung der Wahrscheinlichkeiten $\rho^t(\mathbf{v}|\mathbf{x})$ beeinflussen und reduzieren lässt. Dies führt zur *Prädiktionsgleichung für korrelierte Bildbereiche*

$$\hat{\rho}^t_{\mathbf{x}}(\mathbf{v}) \sim \sum_{\mathbf{x}'} \hat{W}^{\mathbf{x}}_{\mathbf{v},\mathbf{x}'} \rho^{t-\Delta t}(\mathbf{v}|\mathbf{x}' - \mathbf{v}\cdot\Delta t) \ . \tag{12}$$

In der Implementierung wurden für die Fenster Gaussfunktionen verwendet, die je nach Geschwindigkeit $\mathbf{v}$ gegenüber dem Zentrum $\mathbf{x}$ um den Wert $\Delta\mathbf{x}(\mathbf{v})$ verschoben werden können (siehe Abbildung 3):

$$\hat{W}^{\mathbf{x}}_{\mathbf{v},\mathbf{x}'} = e^{-\frac{1}{\sigma^2_{\hat{W}}}||(\mathbf{x}-\Delta\mathbf{x}(\mathbf{v}))-\mathbf{x}'||^2}. \quad (13)$$

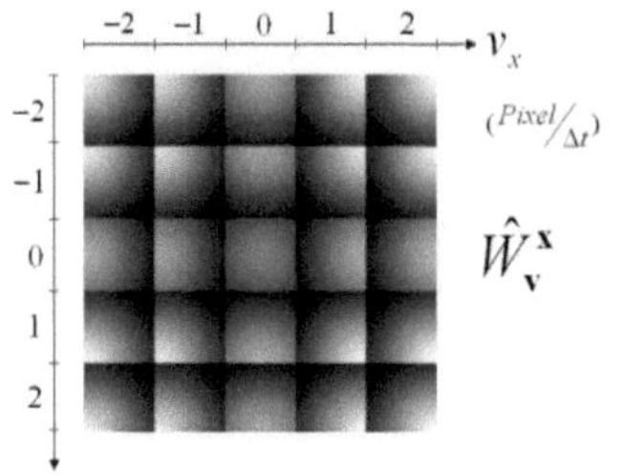

Bild 3: Beispiel für unterschiedliche Gewichtungsfenster für verschiedene untersuchte Geschwindigkeiten $\mathbf{v}$. Hier werden Gaussglocken benutzt, deren Zentren je nach zugehöriger Geschwindigkeit beliebig verschoben werden kann.

Die beiden nachfolgenden Grafiken 4 und 5 zeigen das Berechnungsverfahren schematisch für diese Variante sowie die Wahrscheinlichkeitsverteilungen $\rho^t(\mathbf{v}|\mathbf{x})$ für eine Testsequenz aus dem Strassenverkehr.

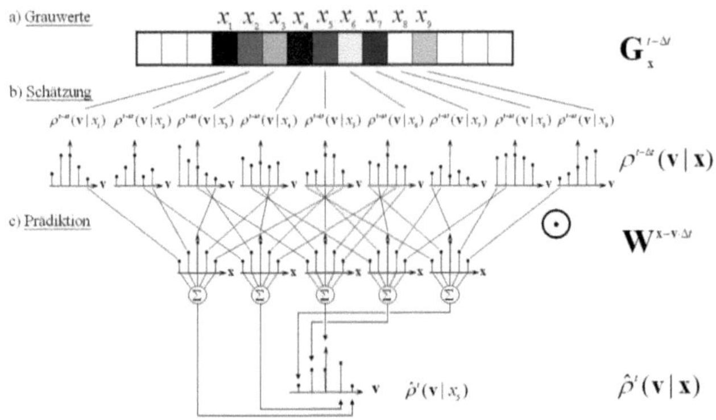

Bild 4: Funktionsprinzip der zeitlichen Propagation von Geschwindigkeitsverteilungen unter Berücksichtigung eines Zusammenhanges zwischen den Bewegungen der Bildbereiche verdeutlicht an einem eindimensionalen Beispiel. In a) ist ein Ausschnitt der Grauwerte des Bildes $\mathbf{G}_{\mathbf{x}}^{t-\Delta t}$ mit den Pixeln x_1 bis x_9 zu sehen. Unter b) sind die zugehörigen geschätzten Geschwindigkeitsverteilungen zum Zeitpunkt $t-\Delta t$ gezeigt. Um beispielsweise eine Prädiktion der Geschwindigkeitsverteilung für den Pixel x_5 zum Zeitpunkt t zu erhalten, werden nun alle Pixel miteinbezogen, die sich theoretisch zum Ort x_5 bewegen könnten. Dies geschieht durch eine gewichtete Verknüpfung ihrer Geschwindigkeitsverteilungen mit dem Gewichtungsfenster $\mathbf{W}^{\mathbf{x}-\mathbf{v}\cdot\Delta t}$ und führt zum Prädiktionsergebnis $\hat{\rho}^t(\mathbf{v}|x_5)$, gezeigt in c).

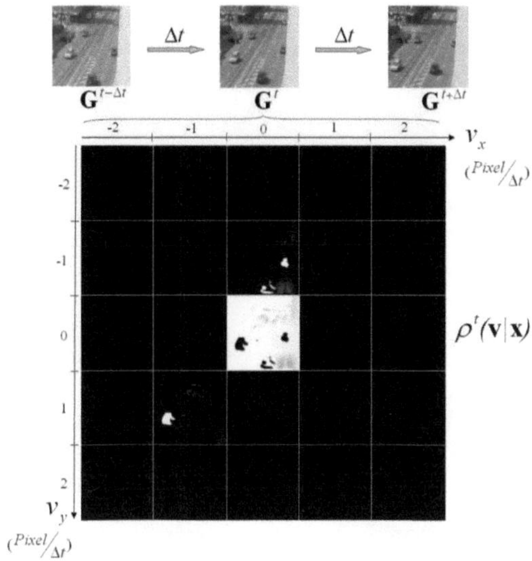

Bild 5: Beispiel für eine Geschwindigkeitsverteilung $\rho^t(\mathbf{v}|\mathbf{x})$. Zu sehen ist ein Ausschnitt $G^{t-\Delta t}$, G^t und $G^{t+\Delta t}$ einer Folge von Grauwertbildern, die im zeitlichen Abstand Δt aufgenommen wurden. Der untersuchte Geschwindigkeitsraum $\mathbf{v}$ reicht hier bis zu zwei Pixeln pro Zeitdifferenz in jede Richtung. Das Ergebnis wurde mit zeitlicher Propagation unter Berücksichtigung eines Zusammenhangs in der Bewegung überlappender Bildbereiche berechnet. Es ist zu erkennen, daß die bewegten Fahrzeuge sich in der entsprechenden Geschwindigkeitsschicht der Verteilung durch erhöhte Wahrscheinlichkeitswerte abheben.

In nachfolgender Abbildung 6 ist eine Geschwindigkeitsverteilung gezeigt, die mit verschiedenen Gewichtungsfenstern $\hat{W}_{\mathbf{v}}^{\mathbf{x}}$ erzeugt wurden. Durch Einsatz von verschobenen Gaußglocken für unterschiedliche Geschwindigkeiten kann ein sich hinter dem bewegten Objekt ausbildender Schweif reduziert werden.

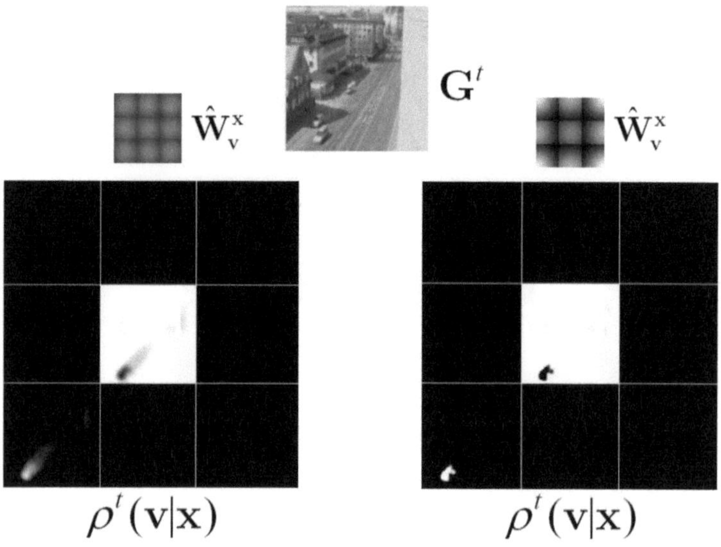

Bild 6: Schweifreduktion durch verschiedene Integrationsfenster $\hat{W}_{\mathbf{v}}^{\mathbf{x}}$ für unterschiedliche Geschwindigkeiten. Auf der linken Seite wurde das gleiche Gaußfenster für alle Geschwindigkeiten verwendet. Der Schweif hinter dem Objekt ist zu erkennen. Auf der rechten Seite wurden Gaußfenster verwendet, deren Zentren je nach Geschwindigkeit verschoben wurden. Der Schweif hinter dem Objekt tritt hier nicht auf.

Es ist für die Güte der Ergebnisse förderlich, wenn die Zeit für all die vorhergehenden Berechnungsschritte möglichst gering ist und somit die Bilder sehr schnell hintereinander aufgenommen werden können. Je schneller diese Aufnahmen hintereinander erfolgen, desto besser ist die Gewährleistung dafür, daß die Voraussetzungen des Systems, die lineare Bewegung der Objekte zwischen zwei aufeinanderfolgenden Bildern, erfüllt wird. Es gibt zwei verschiedene Möglichkeiten, wie man den obigen Algorithmus programmtechnisch realisieren kann.
In der ersten Variante wird ein Bild aufgenommen, die Berechnung für die Wahrscheinlichkeiten mithilfe des vorherigen Bildes durchgeführt und danach erst wieder das nächste Bild aufgenommen. Durch die Berechnung ist die Zeitspanne zwischen der Aufnahme zweier Bilder relativ lange, wodurch sich nichtlineare Bewegungen der Objekte negativ auf das Ergebnis auswirken können. Außerdem bedeutet eine längere Zeitspanne zwischen den Bildern eine größere Verschiebung der Objekte ($\Delta\mathbf{x} = \mathbf{v} \cdot \Delta t$), wodurch der Geschwindigkeitssuchraum erweitert werden müsste und sich dadurch wiederum die Rechenzeit verlängern würde. Für diese Variante setzt sich die Zeit Δt zwischen zwei Bildern aus der Aufnahmezeit t_A und der Berechnungszeit t_B zusammen. Die gleiche Zeit ist auch für die Verschiebung zur Prädiktion der A-Priori-Wahrscheinlichkeit zu verwenden (Gln. 11 und 12). Diese Variante ist in folgender Abbildung 7 schematisch dargestellt.

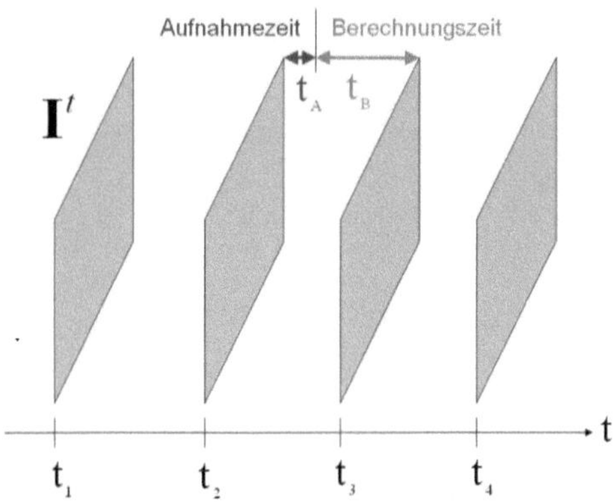

Bild 7: Die Bilder $\mathbf{I}^t$ werden immer in gleichen Zeitabständen aufgenommen. Nach jeder Aufnahme mit der benötigten Zeitdauer t_A wird die Berechnung der aktuellen Wahrscheinlichkeitsverteilung durchgeführt. Nach der Berechnungsdauer t_B wird das nächste Bild aufgenommen.

Eine andere Möglichkeit, die auch in dieser Arbeit angewendet wurde, besteht darin, immer zwei Bilder direkt hintereinander aufzunehmen und die Likelihood-Messung mit diesen beiden Bildern zu berechnen. Für die Aktualisierung der A-Posteriori-Wahrscheinlichkeit wird als A-Priori-Wahrscheinlichkeit die um die benötigte Berechnungzeit verschobene A-Posteriori-Wahrscheinlichkeit des vorherigen Bildpaares verwendet. Es wird weiterhin angenommen, daß die lineare Prädiktion die echte Bewegung nach wie vor gut approximiert. Die Annahme, daß sich die Geschwindigkeit während der Berechnungszeit t_B nicht ändert, muß erfüllt sein. Die Zeitspanne Δt zwischen zwei Bildern ist nun unabhängig von der Berechnungszeit und so kurz, daß sich Beschleunigungen von bewegten Objekten nur relativ gering auf die Ergebnisse auswirken. Sie ist genauso lang wie die Aufnahmedauer t_A. Für die Prädiktion der A-Priori-Wahrscheinlichkeit (Gln. 11 und 12) muss jetzt aber eine andere Zeitspanne Δt verwendet werden. Sie setzt sich aus der Aufnahmezeit t_A und der Berechnungszeit t_B zusammen. In der Praxis ist die Berechnungsdauer t_B etwa 18 mal so lange wie die Aufnahmedauer t_A. Dieser zeitliche Ablauf ist in nachfolgender Abbildung 8 gezeigt.

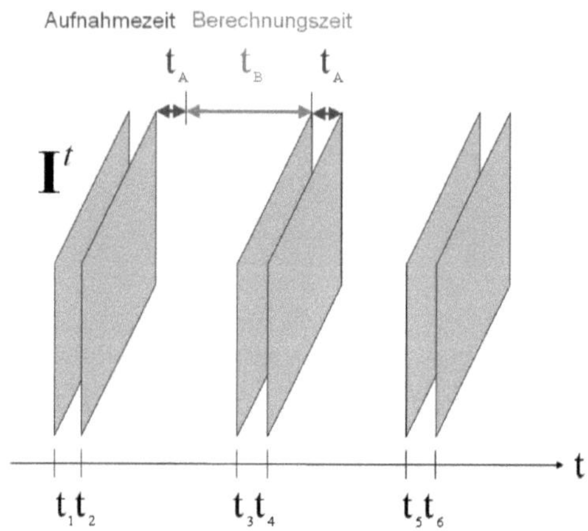

Bild 8: Zwei Bilder I^t werden direkt hintereinander mit der Verzögerungsdauer t_A aufgenommen. Erst jetzt wird die Berechnung der aktuellen Wahrscheinlichkeitsverteilung durchgeführt. Nach Durchführung der Berechnung mit der Dauer t_B wird das nächste Bildpaar aufgenommen.

2 Einsparung von Berechnungszeit

Das im vorhergehenden Kapitel behandelte System arbeitet für Sequenzen von Bildern einer festen Auflösung, beispielsweise 128 × 128 Pixel. Möchte man in diesen Bildsequenzen nach Bewegungen suchen, die sich in einem großen Geschwindigkeitsbereich befinden, so ist es sinnvoll, die untersuchten Geschwindigkeiten $\mathbf{v}$ so zu wählen, daß möglichst der gesamte Geschwindigkeitsbereich abgedeckt wird. Die Anzahl der erforderlichen Geschwindikgeiten kann dabei sehr hoch werden und zur Folge haben, daß die Berechnungszeit zwischen zwei aufeinanderfolgenden Bildern sehr lang wird. Dies bedeutet, daß die Abtastung der Szenerie durch die Aufnahmen relativ langsam erfolgt, und damit verfügbare Informationen aus der Umwelt nur schlecht ausgenutzt werden. Durch die lange Berechnungszeit wird auch die Voraussetzung des Systems, daß sich Objekte mit möglichst linearer Geschwindigkeit fortbewegen, nicht mehr gut erfüllt. Zwischen zwei relativ weit auseinanderliegenden Aufnahmezeitpunkten kann sich nämlich durch eine Beschleunigung eines Objekts dessen Geschwindigkeit so stark verändern, daß sich die Ergebnisse des Patch-Vergleiches (Gln.4) erheblich verschlechtern. Um denoch gute Resultate für eine Echtzeitberechnung zu erhalten, kann man sich zwei Varianten überlegen: Als erste und einfachste Methode kann man die Anzahl der zu untersuchenden Geschwindigkeiten reduzieren, wodurch allerdings manche Bewegungen in der Bildsequenz von vornherein nicht detektiert werden können, einfach aus dem Grunde, weil man auf eine Untersuchung bestimmter Geschwindigkeiten verzichtet. Dies wäre aber für solche Anwendungen ausreichend, in denen beispielsweise eine dominante Flussrichtung der Bewegung vorherrscht. Eine andere Möglichkeit besteht darin, ein System zu entwerfen, welches gleichzeitig mehrere Auflösungen einer Bildsequenz verarbeiten kann. Dabei berechnet für jede Auflösung ein Teilsystem den vorgestellten Algorithmus und die Ergebnisse dieser Teilsysteme werden dann zu einem Gesamtergebnis zusammengefügt. Diese beiden Varianten sollen in den nächsten Kapiteln näher betrachtet werden.

2.1 Reduktion des Geschwindigkeitsraumes

2.1.1 1D-Geschwindigkeitsraum

In vielen Bildsequenzen herrschen Bewegungsflüsse in einer Bewegungsrichtung vor. Denkt man beispielsweise an Aufnahmen von Verkehrsstrassen oder Förderbändern, so werden sich die bewegenden Objekte meistens geradlinig und bidirektional durch das Bild hindurchbewegen. Es ist daher lediglich erforderlich, die Bilder auf Bildflüsse in dieser Hauptbewegungsrichtung hin zu untersuchen. Untersuchungen auf Bewegungen, die von der Hauptbewegungsrichtung abweichen, wären überflüssig und somit eine Vergeudung wertvoller Berechnungszeit, die für Echtzeitanwendungen eine sehr wichtige Ressource darstellt. Für diese Variante des reduzierten Geschwindigkeitsraumes werden Bildsequenzen auf Geschwindigkeiten hin untersucht, die horizontal oder vertikal gerichtet sind, siehe Abbildung 9.

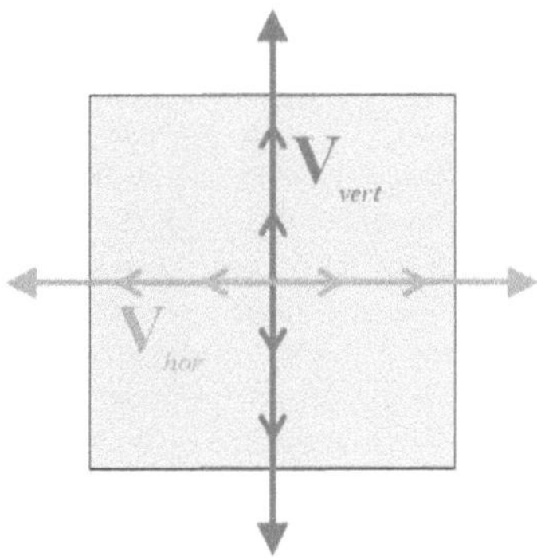

Bild 9: Um Berechnungszeit einzusparen wird die Bildfolge in dieser Variante nur auf Objekte hin untersucht, deren Bewegungsrichtungen entweder in Richtung der vertikalen oder der horizontalen Hauptachse des Bildes liegen.

Dies scheint zunächst eine größere Einschränkung für die untersuchten Bildsequenzen darzustellen, da hierfür deren Hauptbewegungsflüsse in diesen untersuchten Richtungen liegen müssen. In der Praxis stellt dies jedoch kein größeres Problem dar, da man beispielsweise eine Videokamera leicht so positionieren und einjustieren kann, daß die Hauptbewegungen der Bildaufnahmen in Richtung der untersuchten Geschwindigkeiten liegen. Für die Mengen $\mathbf{V}_{hor}$ und $\mathbf{V}_{vert}$ der untersuchten Geschwindigkeiten gilt

$$\mathbf{V}_{hor} = \{\mathbf{v} | v_y = 0\} \tag{14}$$

$$\mathbf{V}_{vert} = \{\mathbf{v} | v_x = 0\}\,. \tag{15}$$

In nachfolgender Abbildung 10 ist eine eindimensionale horizontale Wahrscheinlichkeitsverteilung für eine Verkehrssequenz gezeigt.

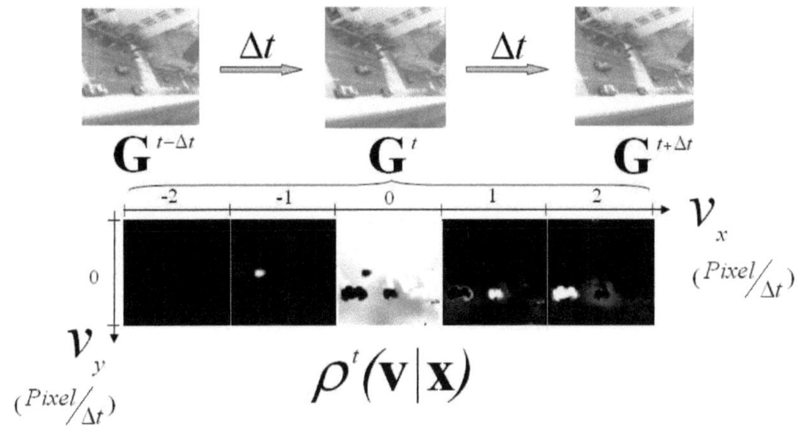

Bild 10: Beispiel einer Geschwindigkeitsverteilung $\rho^t(\mathbf{v}|\mathbf{x})$ mit einem eindimensionalen Suchraum, in diesem Fall die horizontalen Geschwindigkeiten. Zu sehen ist ein Ausschnitt $G^{t-\Delta t}$, G^t und $G^{t+\Delta t}$ einer Folge von Grauwertbildern, die im zeitlichen Abstand Δt aufgenommen wurden. Es wurde nach Objekten gesucht, die sich mit einer Geschwindigkeit bis zu zwei Pixel pro Zeiteinheit Δt bewegen. Das Ergebnis wurde mit zeitlicher Propagation unter Berücksichtigung eines Zusammenhangs in der Bewegung überlappender Bildbereiche berechnet.

2.1.2 2D-Geschwindigkeitsraum

Kommen in einer Bildsequenz mehr als eine Hauptbewegungsrichtung vor, so kann die im vorherigen Abschnitt beschriebene Variante nicht mehr alle Objekte erfassen, da sie z.B. Geschwindigkeiten senkrecht zur untersuchten Hauptbewegungsrichtung überhaupt nicht berücksichtigt. Abhilfe schafft hier eine Untersuchung der Bildsequenz auf zwei Hauptbewegungsrichtungen. Dies könnten beispielsweise die horizontalen und vertikalen Geschwindigkeiten sein, wie in Abbildung 11. Für diesen untersuchten Geschwindigkeitsraum gilt dann

$$\mathbf{V}_{hor,vert} = \mathbf{V}_{hor} \cup \mathbf{V}_{vert} = \{\mathbf{v}|v_x = 0 \vee v_y = 0\} \quad (16)$$

Jede Geschwindigkeit lässt sich in zwei Richtungskomponenten zerlegen. Bewegt sich ein Objekt genau in eine dieser beiden Komponenten, so kann es sehr gut mit dem untersuchten Geschwindigkeitsraum $\mathbf{V}_{hor,vert}$ detektiert werden. Schräg verlaufende Bewegungen rufen ebenfalls geringe Beiträge in den Wahrscheinlichkeitverteilungen der Hauptbewegungsrichtungen vor, die bei einer

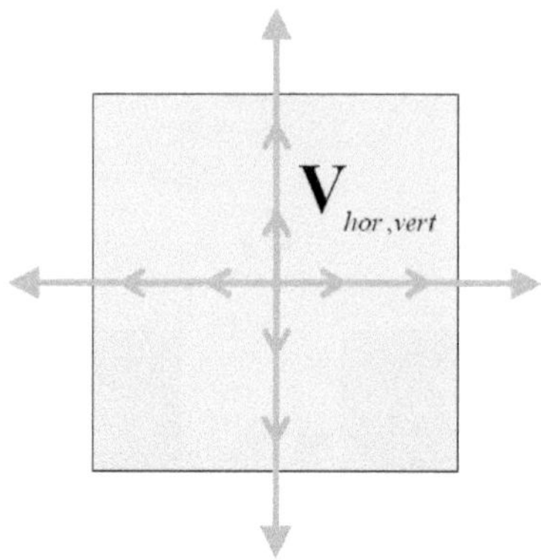

Bild 11: Um die Berechnungszeit zu reduzieren, wird in dieser Variante nach Objekten gesucht, deren Geschwindigkeiten sowohl in Richtung der horizontalen als auch der vertikalen Hauptachse des Biles liegen.

zusätzlichen gezielten Untersuchung auf diese Geschwindigkeit durch die Normierung aber wieder unterdrückt würden. Da hier nun eine gezielte Untersuchung des Bildes auf diese schräg verlaufenden Geschwindigkeiten fehlt, werden bei der abschliessend durchgeführten Normierung der Verteilung die Komponenten in den Hauptachsen nicht mehr unterdrückt, sondern eher noch verstärkt. Dies führt dazu, daß das System erhöhte Wahrscheinlichkeitswerte in den Hauptbewegungsrichtungen aufweist, obwohl sich das zugehörige Objekt schräg bewegt hat. Es ist also keine eindeutige Zuordnung zwischen der tatsächlichen Objektgeschwindigkeit und der detektierten Geschwindigkeit mehr möglich.
Es wurde in dieser Arbeit der Versuch unternommen, hier wieder eine Eindeutigkeit herzustellen. Die eingesetzte Methode wird hier vorgestellt und ist in Abbildung 12 schematisch dargestellt.

Es wird hierbei überprüft, ob in den getrennten Hauptbewegungsrichtungen gemeinsame Bereiche von erhöhter Aktivität in den Verteilungen $\rho^t(\mathbf{v}|\mathbf{x})$ vorliegen. Falls eine gewisse Mindestaktivität in den untersuchten Verteilungen vorliegt und diese Aktivitäten annähernd gleich hoch sind , so werden die Verteilungen der beiden Hauptbewegungsrichtungen zur Schräggeschwindigkeit in diesem Übereinstimmungsbereich kombiniert. Um diese übereinstimmenden Bereiche herauszufinden, wird zunächst eine Schwellwertoperation und Binarisierung auf alle Verteilungen angewendet(siehe Illustration in Abbildung 12). Der beteiligte Schwellwert τ_m legt hierbei fest, welche Mindestwahrscheinlichkeit für

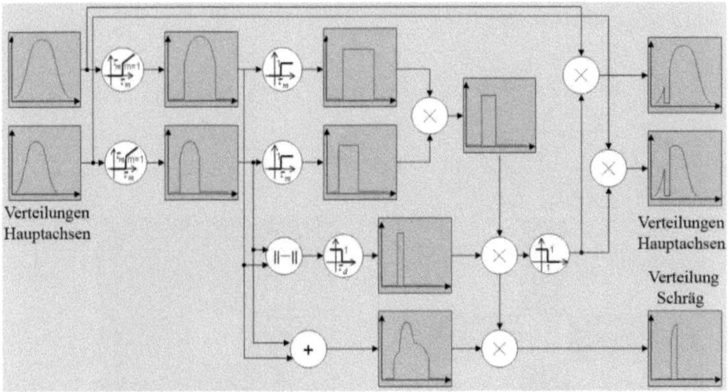

Bild 12: Ermittlung der Verteilungen für schräge Geschwindigkeiten aus den Verteilungen mit einem reduzierten Geschwindkgeitsraum in den Hauptachsenrichtungen.

gemeinsame Aktivitätsbereiche erforderlich ist. Die Ergebnisse werden miteinander multipliziert, wodurch sich die Bereiche ergeben, in denen die Verteilungen gemeinsam erhöhte Aktivität aufweisen. Diese Bereiche werden mit der binarisierten Betragsdifferenz der ursprünglichen Verteilung multipliziert. Der bei der Binarisierung beteiligte Schwellwert τ_d legt dabei den maximal zulässigen Unterschied zwischen den Verteilungen fest. Das sich ergebende Produkt wird invertiert und mit den ursprünglichen Verteilungen multipliziert. Dies dient dazu, um an den gemeinsamen Aktivitätsbereichen die urspünglichen Verteilungen herabzusetzen. Um eine Verteilung für die Schräggeschwindigkeit zu erhalten, werden die ursprünglichen Verteilungen addiert, mit dem zuletzt berechneten Produkt multipliziert und einer neuen Verteilungsfunktion für die Schräggeschwindigkeit zugeordnet. Diese enthält nun die Summe der Wahrscheinlichkeiten der ursprünglichen beiden Verteilungen.

In der Praxis hat sich gezeigt, daß für ein schräg sich bewegendes Objekt die Aktivitätsbereiche in den Verteilungen der Hauptrichtungen nicht immer genau deckungsgleich am gleichen Ort liegen und der Schnittbereich gemeinsamer Aktivität meist sehr klein ist. Dadurch gelingt es oftmals nicht, eine korrekte Wahrscheinlichkeitsverteilung zu erhalten, in der schräg bewegte Objekte auch tatsächlich Aktvität in Verteilungen für die entsprechende Schräggeschwindigkeit hervorrufen. Vielmehr bleibt eine Aktivät in den Beiden Hauptbewegungsrichtungen erhalten. Dadurch bekommt man nun suggeriert, daß nicht ein schräg bewegtes Objekt, sondern zwei Objekte mit den Geschwindigkeiten der Hauptachsen im Bild enthalten sind.

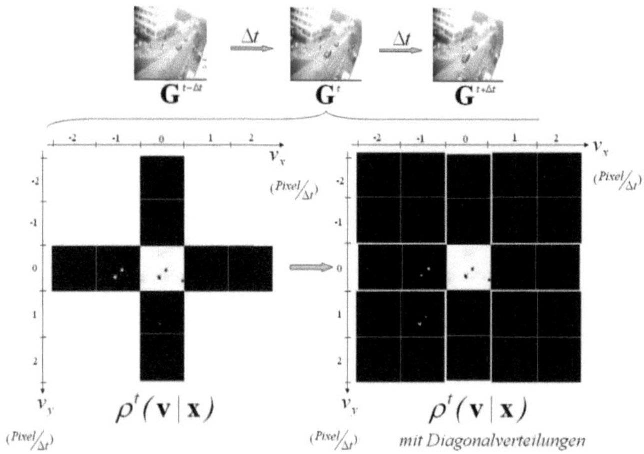

Bild 13: Links Wahrscheinlichkeitsverteilung mit reduziertem zweidimensionalen Suchraum in Hauptachsenrichtung, rechts Verteilung der Hauptachsenrichtungen einschließlich Verteilungen für Schräggeschwindigkeiten. Es ist zu erkennen, daß in der Diagonalverteilung eine korrekte Aktivität zugeteilt wurde, aber in der Verteilung der Hauptachsenrichtung weiterhin Aktivität vorhanden ist. Dies führt zu Uneindeutigkeit und lässt fälschlicherweise mehrere bewegte Objekte vermuten.

2.2 Zweistufiges System

Wird anstelle eines Systems mit einer bestimmten Grundauflösung der Bildsequenz (z.B. 128 $\times$ 128 Pixel) beispielsweise ein zweistufiges System entworfen, wobei ein Teilsystem mit der Grundauflösung (z.B. 128 $\times$ 128 Pixel) und das zweite Teilsystem mit der halbierten Bildauflösung (z.B. 64 $\times$ 64 Pixel) arbeitet, so könnten die zu untersuchenden Geschwindigkeiten $\mathbf{v}$ auf beide Teilsysteme verteilt werden. Der Vorteil hierbei ist nun, daß die Stufe mit der halben Auflösung bei gleicher Anzahl der zu untersuchenden Geschwindigkeiten eine wesentlich kürzere Berechnungszeit benötigt. Es ergibt sich somit für das zweistufige System trotz gleicher Anzahl der untersuchten Geschwindigkeiten eine wesentlich geringere Gesamtrechendauer. Die Berechnungsschritte und die sich ergebenden Verteilungen sind in Abbildung 14 grafisch dargestellt. Im folgenden werden die einzelnen Schritte näher beschrieben:

1. Man startet mit den beiden Bildern $\mathbf{I}_1^t$ und $\mathbf{I}_2^t$ zum Zeitpunkt t, wobei Bild $\mathbf{I}_1^t$die halbe Auflösung von Bild $\mathbf{I}_2^t$ besitzt:

$$\mathbf{I}_1^t = \downarrow \{\mathbf{I}_2^t\} \tag{17}$$

Der Operator $\downarrow \{...\}$ bedeutet hierbei ein Downsampling des Argumentes um den Faktor 2 (z. B. $\downarrow \{\mathbf{I}_{128\times128}\} = \mathbf{I}_{64\times64}$). Aus diesen Bildern werden die Grauwertbilder errechnet

$$\mathbf{G}_1^t, \mathbf{G}_2^t. \tag{18}$$

2. Mit Hilfe der beiden Grauwertbilder $\mathbf{G}_1^t$ und $\mathbf{G}_2^t$ werden nun die Likelihood-Messungen

$$\rho_k^t(\mathbf{x}|\mathbf{v}_k) \sim e^{-\frac{1}{2}\cdot\left(\frac{\sigma_{\mathbf{G}_k^{t,\mathbf{x}}}}{\sigma\eta}\right)^2\left(1-\varrho^2_{\mathbf{G}_k^{t,\mathbf{x}},\mathbf{G}_k^{t+\Delta t,\mathbf{x}+\mathbf{v}_k\Delta t}}\right)} \tag{19}$$

mit

$$\mathbf{v}_k \;=\; \Delta\mathbf{x}_k/\Delta t, \qquad\qquad k = 1,2 \tag{20}$$

berechnet, wie in Gleichung (4) formuliert. Hierbei ist zu bemerken, daß eine identische Pixelgeschwindigkeit $\mathbf{v}_k$ in den Bildern $\mathbf{G}_1^t$ und $\mathbf{G}_2^t$ einer unterschiedlichen physikalischen Geschwindigkeit entspricht.

3. Diese Likelihood-Messungen der Stufen k werden nun gemäß Gln. 10 mit der A-Priori-Schätzung $\hat{\rho}_k^t(\mathbf{v}_k)$ verknüpft, die aus der Geschwindigkeitsverteilung $\rho_k^{t-\Delta t}(\mathbf{v}_k|\mathbf{x})$ des vorhergehenden Zeitpunktes $t-\Delta t$ berechnet wird. Hieraus erhält man die A-Posteriori-Wahrscheinlichkeit für die Geschwindigkeit $\mathbf{v}_k$ zu

$$\rho_k^t(\mathbf{v}_k|\mathbf{x}) \sim \rho_k^t(\mathbf{x}|\mathbf{v}_k)\,\hat{\rho}_k^t(\mathbf{v}_k)\;, \qquad k = 1,2. \tag{21}$$

4. Um alle Geschwindigkeitsverteilungen im Format der GrundAuflösung vorliegen zu haben, müssen die Verteilungen $\rho_1^t(\mathbf{v}_1|\mathbf{x})$ der niedrigen Auflösungsstufe durch Upsampling um den Faktor 2 hochskaliert werden. Diese Operation wird mit dem Operator $\uparrow \{...\}$ ausgedrückt (z. B. $\uparrow \{\rho_{64\times64}(\mathbf{v}|\mathbf{x})\} = \rho_{128\times128}(\mathbf{v}|\mathbf{x})$) und lautet hier

$$\rho^t_{1(128\times128)}(\mathbf{v}_1|\mathbf{x}) \;=\; \uparrow \{\rho^t_{1(64\times64)}(\mathbf{v}_1|\mathbf{x})\}. \tag{22}$$

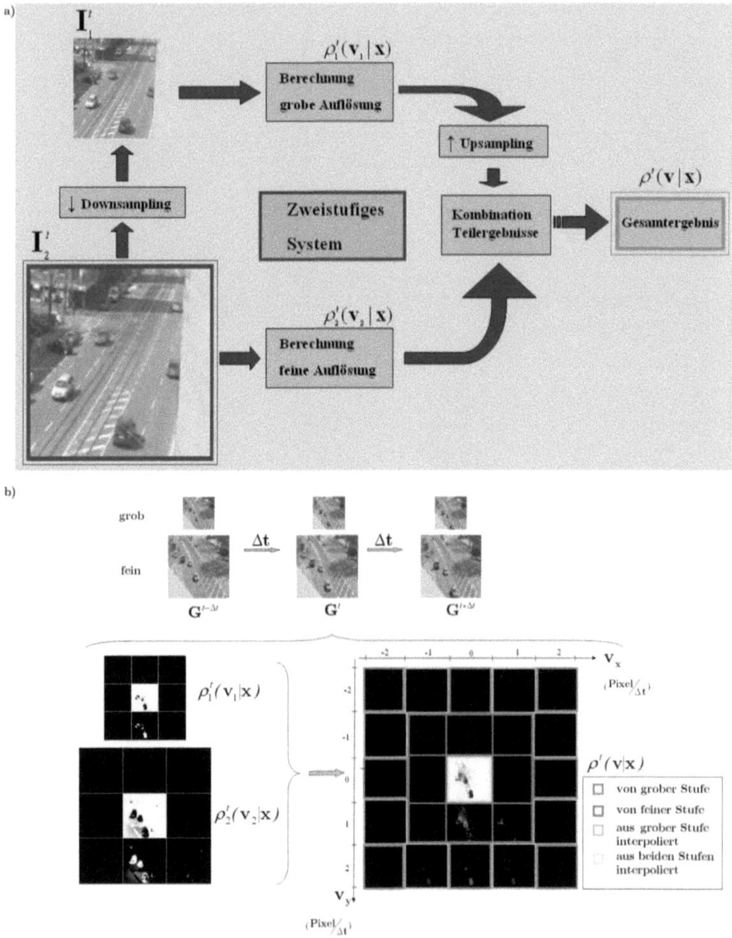

Bild 14: Zweistufiges System: a)Zwei Systeme mit unterschiedlichen Auflösungen untersuchen eine Bildfolge parallel auf bewegte Objekte. Dazu werden aufgenommene Bilder $\mathbf{I}_2^t$ mit feiner Auflösung (z.B. 128 × 128 Pixel) herunterskaliert auf Bilder mit grober Auflösung (z.B. 64 × 64 Pixel). Für diese Bilder werden die Wahrscheinlichkeitsverteilungen $\rho_1^t(\mathbf{v}_1|\mathbf{x})$, $\rho_2^t(\mathbf{v}_2|\mathbf{x})$ berechnet. Die grobe Verteilung wird anschließend hochskaliert und mit der feinen Verteilung zu einer Gesamtverteilung $\rho^t(\mathbf{v}|\mathbf{x})$ kombiniert. b) Wahrscheinlichkeitsverteilungen der beiden Auflösungsstufen sowie zusammengestzte Gesamtverteilung.

3 Objekterkennung

Das Hauptziel dieser Arbeit besteht darin, auf der Basis von Wahrscheinlichkeitsverteilungen mehrere Objekte in Echtzeit erkennen zu können. In den vorherigen Kapiteln wurde behandelt, wie eine möglichst zeiteffiziente und dennoch präzise Berechnung der Wahrscheinlichkeitsverteilungen realisiert werden kann. Dieses Kapitel widmet sich nun der Aufgabe, aus den Wahrscheinlichkeitsverteilungen Informationen über sich bewegende Objekte zu extrahieren.

3.1 Segmentierung

Für jede untersuchte Geschwindigkeit liegt eine Verteilungsdichte $\rho(\mathbf{v}|\mathbf{x})$ vor. Da es sich hier um Wahrscheinlichkeitsfunktionen handelt, liegen die hierin auftretenden Zahlenwerte zwischen den Werten Null und Eins. Liegt der Wahrscheinlichkeitswert für einen Pixel in der Nähe von Null, dann ist es relativ wahrscheinlich, daß dieser Pixel zu einem Objekt gehört, das sich entweder gar nicht oder aber mit einer anderen als der untersuchten Geschwindigkeit bewegt. Nimmt die Wahrscheinlichkeit einen Wert in der Nähe von Eins an, dann stammt der Pixel vermutlich von einem Objekt mit der untersuchten Geschwindigkeit. Um eine Entscheidung zu treffen, ob man einen Pixel einem Objekt, welches sich mit der untersuchten Geschwindigkeit bewegt, zuordnet oder nicht, wird ein Schwellwert $\tau \in [0,1]$ eingeführt. Unterschreitet ein Wert $\rho(\mathbf{v}|\mathbf{x})$ der Wahrscheinlichkeitsdichte diesen Schwellwert, so wird der Wert auf einen sehr kleinen Zahlenwert ε nahe Null heruntergesetzt und einer neuen Segmentierungssfunktion $\tilde{\rho}(\mathbf{x}|\mathbf{v})$ zugeordnet. Die Werte werden nicht ganz auf den Wert Null gesetzt, um eine später beschriebene zeitliche Propagation zu ermöglichen. Übersteigt der Wert $\rho(\mathbf{v}|\mathbf{x})$ den Segmentierungsschwellwert τ, so wird er auf den Wert Eins gesetzt und in die Funktion $\tilde{\rho}(\mathbf{x}|\mathbf{v})$ übernommen. Dies wird beschrieben durch

$$\tilde{\rho}(\mathbf{x}|\mathbf{v}) = \Theta\big(\rho(\mathbf{v}|\mathbf{x}) - \tau\big) + \varepsilon \cdot \Theta\big(\tau - \rho(\mathbf{v}|\mathbf{x})\big). \tag{23}$$

Hierbei ist $\Theta(x)$ die *Heaviside*-Funktion mit

$$\Theta(x) = \begin{cases} 1 & x \geq 0 \\ 0 & x < 0 \end{cases} . \tag{24}$$

Die Segmentierungsfunktion $\tilde{\rho}(\mathbf{x}|\mathbf{v})$ unterdrückt somit niedrige Wahrscheinlichkeitswerte und verstärkt gleichzeitig relativ verlässliche Werte, was einer Diskretisierung der Funktion $\rho(\mathbf{v}|\mathbf{x})$ entspricht. Die Verteilungen mit einer Pixelgeschwindigkeit von Null Pixeln pro Zeiteinheit in beide Achsenrichtungen wird hierbei nicht berücksichtigt, da ja nur bewegte Objekte detektiert werden sollen. Die Operation ist beispielhaft in nachfolgender Grafik gezeigt.

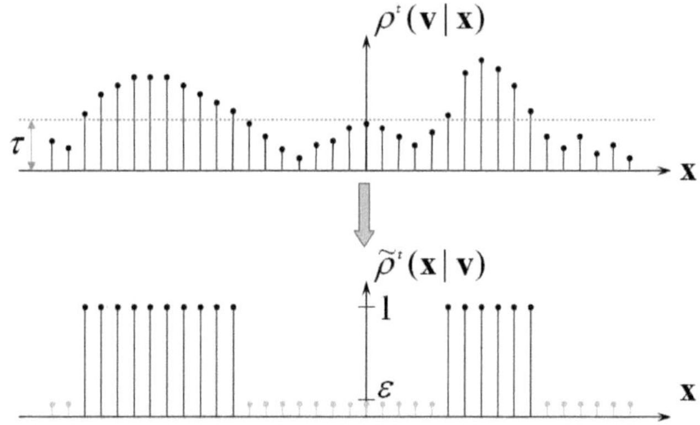

Bild 15: Auf die Wahrscheinlichkeitsverteilung $\rho^t(\mathbf{v}|\mathbf{x})$ wird eine Schwellwertoperation angewendet. Dabei werden alle Werte, die den Schwellwert τ überschreiten, auf den Wert 1 gesetzt. Die Werte, die kleiner als τ sind, werden nicht auf Null, sondern auf den Wert ε herabgesetzt, um im weiteren eine zeitliche Propagation zu ermöglichen. Das Ergebnis ist die Segmentierungsfunktion $\tilde{\rho}^t(\mathbf{v}|\mathbf{x})$.

Die Segmentierungsfunktion filtert somit alle Bereiche des Bildes heraus, in denen ein Bewegungsfluss mit der untersuchten Geschwindigkeit sehr wahrscheinlich ist. Normiert man diese Funktion über alle Geschwindigkeiten $\mathbf{v}$, so daß $\sum_{\mathbf{v}} \tilde{\rho}^t_{\mathbf{x}}(\mathbf{v}) = 1$, so kann diese Segmentierungsfunktion wieder als Wahrscheinlichkeit interpretiert werden. Somit ist es auch hier möglich, diese Wahrscheinlichkeit über die Zeit zu propagieren. Diese Propagation basiert auf der Bayesschen Inferenz, analog zu Abschnitt 1.2. Man erhält für diese den Ausdruck

$$\tilde{\rho}^t(\mathbf{v}|\mathbf{x}) \sim \tilde{\rho}^t(\mathbf{x}|\mathbf{v})\tilde{\rho}(\mathbf{v}) \qquad . \tag{25}$$

Die Größe $\tilde{\rho}^t(\mathbf{v}|\mathbf{x})$ ist hierbei die A-Posteriori-Wahrscheinlichkeit. $\tilde{\rho}(\mathbf{v})$ ist eine Verteilung für das gesamte Bild, die an keinerlei Bedingungen hinsichtlich der Bilddaten gebunden ist. Sie beinhaltet die diskretisierte Wahrscheinlichkeit dafür, daß sich ein Pixel mit der Geschwindigkeit $\mathbf{v}$ durch das Bild bewegt. Untersucht man eine Bildfolge und liegen die Verteilungen $\tilde{\rho}^t(\mathbf{v}|\mathbf{x})$ vor, so kann man diese für eine Annäherung und Aktualisierung $\hat{\tilde{\rho}}^t_{\mathbf{x}}(\mathbf{v})$ des A-Posteriori-Wertes benutzen. Mit dieser Annäherung ergibt sich die modifizierte Schätzgleichung des

A-Posteriori-Wertes

$$\tilde{\rho}^t(\mathbf{v}|\mathbf{x}) \sim \tilde{\rho}^t(\mathbf{x}|\mathbf{v})\hat{\tilde{\rho}}^t_{\mathbf{x}}(\mathbf{v}) \; . \tag{26}$$

Die Annäherung $\hat{\tilde{\rho}}^t_{\mathbf{x}}(\mathbf{v})$ der A-Priori-Wahrscheinlichkeit ist orts- und zeitabhängig und benutzt geschätzte Verteilungen $\tilde{\rho}^{t-\Delta t}(\mathbf{v}|\mathbf{x})$ des vorherigen Zeitschrittes. Analog zu Kapitel 1 besteht auch diese Berechnung wieder aus zwei Schritten, der Prädiktion der A-Priori-Wahrscheinlichkeit und der Aktualisierung der A-Posteriori-Wahrscheinlichkeit. Die Aktualisierung verwendet die Likelihood-Wahrscheinlichkeit $\tilde{\rho}^t(\mathbf{v}|\mathbf{x})$ gemäß Gleichung 26. Die Prädiktion benutzt die Verteilung $\tilde{\rho}^{t-\Delta t}(\mathbf{v}|\mathbf{x})$, um die aktuelle A-Priori-Wahr-scheinlichkeit $\tilde{\rho}^t_{\mathbf{x}}(\mathbf{v})$ zu berechnen. Dies geschieht nach folgender Berechnungsvorschrift, der Schätzgleichung

$$\hat{\tilde{\rho}}^t_{\mathbf{x}}(\mathbf{v}) \sim \tilde{\rho}^{t-\Delta t}(\mathbf{v}|\mathbf{x} - \mathbf{v} \cdot \Delta t). \tag{27}$$

Diese Gleichung bedeutet eine einfache räumliche Verschiebung der vorherigen Verteilung $\tilde{\rho}^{t-\Delta t}(\mathbf{v}|\mathbf{x})$ um den Wert $\mathbf{v} \cdot \Delta t$. Im Anschluss hieran wird die geschätzte A-Priori-Wahrscheinlichkeit normiert, so daß $\sum_{\mathbf{v}} \hat{\tilde{\rho}}^t_{\mathbf{x}}(\mathbf{v}) = 1$. In der Abbildung 16 ist beispielhaft eine Geschwindigkeitsverteilung $\rho^t(\mathbf{v}|\mathbf{x})$ und die sich ergebende Segmentierungskarte $\tilde{\rho}^t(\mathbf{v}|\mathbf{x})$ gezeigt.

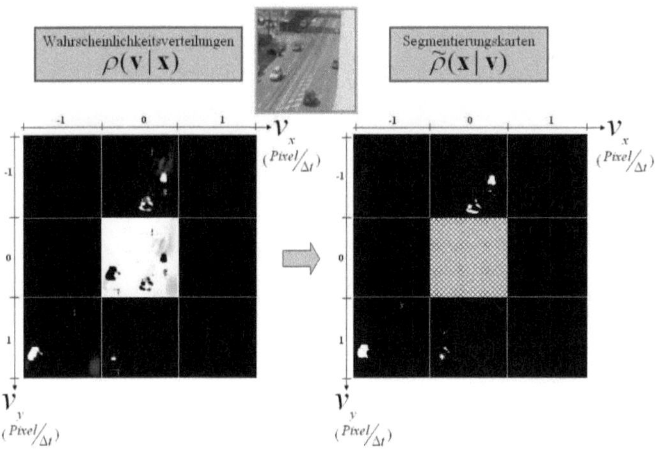

Bild 16: Die Wahrscheinlichkeitsverteilung $\rho^t(\mathbf{v}|\mathbf{x})$ wird durch Anwendung einer Schwellwertoperation zu einer binärwertigen Segmentierungsfunktion $\tilde{\rho}^t(\mathbf{v}|\mathbf{x})$. Die Verteilung der Geschwindigkeit Null Pixel pro Zeiteinheit Δt wird dabei nicht berücksichtigt (Schraffur).

Die A-Posteriori-Wahrscheinlichkeit $\tilde{\rho}^t(\mathbf{v}|\mathbf{x})$ beinhaltet Informationen darüber, an welchen Orten ein bewegtes Objekt im Bild sehr wahrscheinlich ist. Es ist nun möglich, diese Information noch weiter auszunutzen und sie rückzukoppeln auf die A-Posteriori-Wahrscheinlichkeiten der Geschwindigkeitsverteilung. Mit der Rückkoplung der Segmentierungskarte werden in der Geschwindigkeitsverteilung Wahrscheinlichkeiten an den Orten unterdrückt, die kein bewegtes Objekt vermuten lassen. Dies wird ausgedrückt durch

$$\rho^t(\mathbf{v}|\mathbf{x}) = \rho^t(\mathbf{v}|\mathbf{x}) \cdot \tilde{\rho}^t(\mathbf{v}|\mathbf{x}). \tag{28}$$

Das sich ergebende System ist als Blockschaltbild in nachfolgender Abbildung gezeigt.

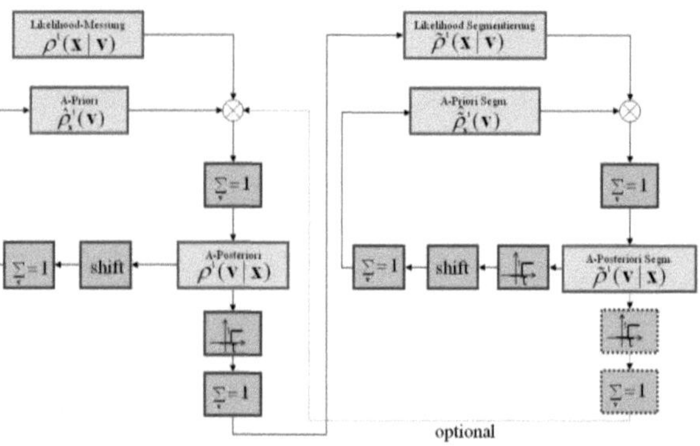

Bild 17: System zur Berechnung der Geschwindigkeitsverteilungen und der Segmentierungskarten. Die A-Posteriori-Wahrscheinlichkeiten der Segmentierungskarten können optional auf die A-Posteriori-Wahrscheinlichkeiten der Geschwindigkeitsverteilungen rückgekoppelt werden.

3.2 Objektzuweisung

Um nun eine Verbindung zwischen der Segmentierungskarte $\tilde{\rho}^t(\mathbf{v}|\mathbf{x})$ und sich bewegenden Objekten herzustellen, ist es sinnvoll, jedes bewegte Objekt durch ein ihm eigenes Charakteristikum zu kennzeichnen. Dies könnte beispielsweise sein Umriss oder Schwerpunkt sein. Die Verteilungsdichte $\tilde{\rho}^t(\mathbf{v}|\mathbf{x})$ nimmt hohe Werte an Orten an, die eine Bewegungsaktivität im Bild $\mathbf{I}^t$ vermuten lassen. Da diese Funktion nur eine Schätzung ist, werden diese Aktivitätsbereiche nicht exakt mit dem sich bewegenden Objekt übereinstimmen, jedoch eine gute Annäherung hierfür liefern. Als Merkmal soll einem bewegten Objekt in dieser Arbeit das geometrische Zentrum seiner hervorgerufenen Aktivität in der Funktion $\tilde{\rho}^t(\mathbf{v}|\mathbf{x})$ zugeordnet werden.
Im folgenden wird die Bestimmung dieser geometrischen Zentren für mehrere bewegte Objekte näher beschrieben. für jede Gechwindigkeit $\mathbf{v}$ wird eine spalten- und zeilenweise Summation

$$s_x^t(y) = \sum_x \tilde{\rho}^t(\mathbf{v}|(x,y)) \tag{29}$$

bzw.

$$s_y^t(x) = \sum_y \tilde{\rho}^t(\mathbf{v}|(x,y)) \tag{30}$$

aller Werte der Segmentierungsfunktion $\tilde{\rho}^t(\mathbf{v}|\mathbf{x})$ durchgeführt.

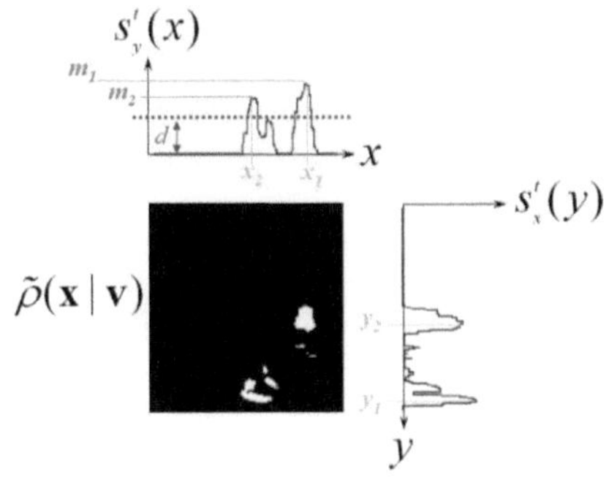

Bild 18: Die Segmentierungsfunktion wird zeilen- und spaltenweise aufsummiert zu den Summenfunktionen $s_x^t(y)$ und $s_y^t(x)$. Diese enthalten Informationen darüber, an welchen Bildkoordinaten sich zum Zeitpunkt t bewegte Objekte aufhalten könnten.

Die weiteren Schritte werden nur für die Funktion $s_x^t(y)$ ausgeführt, analoges gilt für $s_y^t(x)$. Man erhält damit ein Maß dafür, wie hoch die Aktivitäten in einer

Zeile y bzw. Spalte x der Segmentierungsfunktion sind. Lässt man eine gewisse Anzahl N von sich bewegenden Objekten innerhalb des Bildes zu, so können sich diese im Extremfall alle mit einer ähnlichen Geschwindigkeit bewegen und somit in einer einzigen Schicht der Verteilungen $\tilde{\rho}^t(\mathbf{v}|\mathbf{x})$ Aktivität hervorrufen. Die Summationsfunktion $s^t_{\mathbf{x}}(y)$ wird also an den Orten mit diesen Aktivitäten ebenfalls erhöhte Werte aufweisen. Um nun maximal N Orte dieser Aktivitäten zu finden, werden folgende Berechnungsschritte durchgeführt.

1. Zunächst wird eine Hilfsfunktion $s_{x,k}(y)$, k $\in$ [1...N], eingeführt, die mit $s_{x,1}(y) = s_x(y)$ initialisiert wird. Sie spiegelt für k=1 also eine Kopie der Summationsfunktion wieder. Eine Anzahl der gefundenen Postitionen eines Kandidaten für ein bewegtes Objekt wird mit $n_x \in$[0...N] gezählt.

2. Es wird nun das Maximum m_k und die dazugehörige Position i_k bestimmt zu
$$\{m_k, i_k\} = max\,\{s_{x,k}(y)\}\,. \tag{31}$$
übersteigt der gefundene Wert m_k einen Schwellwert d, so wird die Zählvariable n_x um den Wert Eins erhöht und der gefundene Index i_k einer Position y_k eines möglichen sich bewegenden Objekts zugeordnet:
$$m_n \geq d \quad \Rightarrow \quad y_k = i_k \tag{32}$$
$$m_n \geq d \quad \Rightarrow \quad n_x = n_x + 1. \tag{33}$$
Der Schwellwert d kann interpretiert werden als minimale Größe eines sich bewegenden Objekts. Reicht der Wert m_k nicht aus, um den Wert d zu überschreiten, so werden die nachfolgenden Schritte übersprungen und eine weitere Suche nach einem Objekt mit der Geschwindigkeit $\mathbf{v}$ abgebrochen.

3. Um nun nach weiteren Koordinaten von möglichen Objekten zu suchen, wird die Summationsfunktion an der zuvor gefundenen Position in einem Umkreis von der Objektgröße d auf den Wert Null gesetzt. Dadurch wird verhindert, daß ein erkanntes Objekt bei der Maximumsuche fälschlicherweise mehrmals als ein neues Objekt erkannt wird. Die Berechnungsvorschrift hierfür lautet
$$s_{x,k+1}(y) = s_{x,k}(y) \cdot r_{y_k,d}(y), \tag{34}$$
wobei die Funktion $r_{c,d}(y)$ definiert ist als
$$r_{c,d}(y) = \{ \begin{array}{ll} 0 & c-d \;< t \;< c+d \\ 1 & t \;\leq c-d\; und\; t \geq c+d \end{array} \tag{35}$$
und eine invertierte Rechteckfunktion mit der Breite $2d$ um das Zentrum c darstellt.

4. Die Variable *k* wird um den Wert 1 erhöht und man fährt fort mit Schritt 2, bis maximal *N* Objektkoordinaten ermittelt wurden.

Die gleichen Berechnungsschritte werden analog für die Summationsfunktion $s^t_y(x)$ und die Positionen x_k durchgeführt. Man hat dann Koordinaten x_k, y_k bestimmt, an denen sich bewegte Objekte befinden könnten. Die getrennten Koordinaten alleine lassen jedoch noch nicht auf die exakte Position schließen. Es ist notwendig, alle möglichen Koordinatenkombinationen zu betrachten und für diese Positionen Informationen zu extrahieren, die auf eine korrekte Zuordnung zwischen den Koordinaten x_k und y_k schließen lassen.

Hierzu betrachtet man alle $n_x \cdot n_y$ Kombinationen $\tilde{\mathbf{M}}^t_{\mathbf{v},p}$ der gefunden Koordinaten

$$\tilde{\mathbf{M}}^t_{\mathbf{v},p} = \{x_{\mathbf{v},a}, y_{\mathbf{v},b}\}, \quad mit \tag{36}$$

$$p = 1, ..., n_x \cdot n_y,$$
$$a = 1, ..., n_x,$$
$$b = 1, ..., n_y.$$

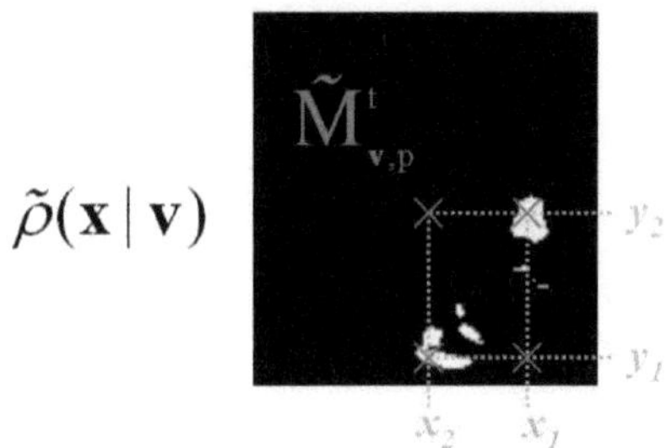

Bild 19: Die gefundenen Koordinaten x_k und y_k von möglichen bewegten Objekten werden miteinander kombiniert zu den Punkten $\tilde{\mathbf{M}}^t_{\mathbf{v},p}$

Die korrekten Zuordnungen müssen sich an einem Ort befinden, in dessen Umgebung die Wahrscheinlichkeitsverteilung $\tilde{p}^t(\mathbf{v}|\mathbf{x})$ eine relativ hohe Aktivität aufweist. Als Maß für diese Aktivität wird das räumliche Integral $I_{\mathbf{v},p}$ der Funktion

$\tilde{\rho}^t(\mathbf{v}|\mathbf{x})$ über einen Bereich $\mathbf{R}(\tilde{\mathbf{M}}^t_{\mathbf{v},p})$ um die untersuchte Koordinatenkombination $\tilde{\mathbf{M}}^t_{\mathbf{v},p}$ betrachtet

$$I_{\mathbf{v},p} = \sum_{\mathbf{x} \in \mathbf{R}(\tilde{\mathbf{M}}^t_{\mathbf{v},p})} \tilde{\rho}^t(\mathbf{v}|\mathbf{x}), \quad p = 1, ..., n_x \cdot n_y \tag{37}$$

Der Wert dieses Integrals wird nun je nach Aktivität in der Verteilung $\tilde{\rho}^t(\mathbf{v}|\mathbf{x})$ ausfallen. Befindet sich der Punkt $\tilde{\mathbf{M}}^t_{\mathbf{v},p}$ in einem Bereich, der eine zusammenhängende hohe Aktivität aufweist, so wird $I_{\mathbf{v},p}$ hohe Werte annehmen. Weist die Umgebung jedoch keinerlei Aktivität auf oder ist diese nicht einigermaßen zusammenhängend, so wird das Integral nur geringe Werte erreichen. Im ersten Fall kann man annehmen, daß es sich bei der Kombination $\tilde{\mathbf{M}}^t_{\mathbf{v},p}$ um eine korrekte Zusammensetzung der Koordinaten handelt und diese mit einem bewegten Objekt assoziiert werden kann. Um aus allen Kombinationen jene herauszufiltern, welche sich mit einem bewegten Objekt decken, wird ein neuer Schwellwert $\tau_i \in [0, 1]$ eingeführt. Übersteigen die Integrationswerte $I_{\mathbf{v},p}$ einen geeignet gewählten Wert τ_i, so ist es relativ wahrscheinlich, daß die dazugehörigen Koordinatenkombinationen $\tilde{\mathbf{M}}^t_{\mathbf{v},p}$ sich innerhalb der Segmentierungskarte $\tilde{\rho}^t(\mathbf{v}|\mathbf{x})$ in zusammehängenden Bereichen erhöhter Aktivität befinden und daher mit einem bewegten Objekt korrespondieren. Es wird dann eine neue Zuordnung vorgenommen, die beschrieben wird durch

$$I_{\mathbf{v},p} \geq \tau_i \quad \Rightarrow \quad \mathbf{M}^t_{\mathbf{v},p} = \tilde{\mathbf{M}}^t_{\mathbf{v},p} \tag{38}$$

$$I_{\mathbf{v},p} < \tau_i \quad \Rightarrow \quad \mathbf{M}^t_{\mathbf{v},p} = \{\}. \tag{39}$$

$\mathbf{M}^t_{\mathbf{v},p}$ sind hier die Koordinatenkombinationen, die innerhalb einer Segmentierungskarte der untersuchten Geschwindigkeit $\mathbf{v}$ als Charakteristikum einem bewegten Objekt mit dem Index *p* zugeordnet wird. Existieren also Punkte $\mathbf{M}^t_{\mathbf{v},p}$, so ist es relativ wahrscheinlich, daß sich in ihrer näheren Umgebung bewegte Objekte im Bild befinden.

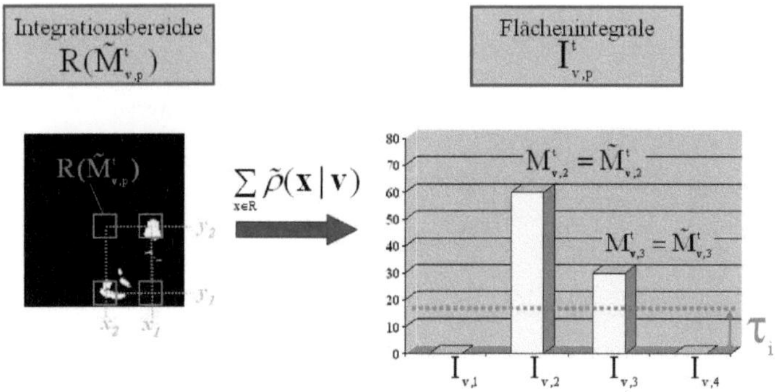

Bild 20: In einer Umgebung $\mathbf{R}(\tilde{\mathbf{M}}^t_{\mathbf{v},p})$ der Koordinatenkombinationen $\tilde{\mathbf{M}}^t_{\mathbf{v},p}$ wird die Segmentierungsfunktion $\tilde{p}^t(\mathbf{v}|\mathbf{x})$ integriert. Die erhaltenen Integlralwerte $I_{\mathbf{v},p}$ werden mit einem Schwellwert τ_i verglichen. Bei Überschreitung wird die entsprechenden Koordinatenkombination einem bewegten Objekt an dem Ort $\mathbf{M}^t_{\mathbf{v},p}$ zugeordnet.

3.3 Clustern

Es ist so, daß die physikalischen Geschwindigkeiten von bewegten Objekten nicht exakt mit den Geschwindigkeiten $\mathbf{v}$ bereinstimmen, die in obigem Algorithmus untersucht werden. Dies resultiert daraus, daß die Bilder $\mathbf{I}^t$ eine begrenzte Auflösung aufweisen und somit eine Diskretisierung der physikalischen Geschwindigkeiten vorgenommen wird. Diese Diskretisierung ist mit Ungenauigkeiten behaftet. Desweiteren werden in der obigen Korrelation (Kapitel 1) immer ganze Bereiche betrachtet, nach deren Zusammenhang gesucht wird. Aus diesen Gründen kann es vorkommen, daß ein bewegtes Objekt gleichzeitig in mehreren Schichten $\tilde{p}^t(\mathbf{v}|\mathbf{x})$ mit ähnlichen Geschwindigkeiten $\mathbf{v}$ Aktivitäten hervorruft. Es ist daher ungünstig, alle Schichten völlig isoliert voneinander zu betrachten und allen gefundenen Punkten $\mathbf{M}^t_{\mathbf{v},p}$ aus allen Schichten unterschiedliche Objekte zuzuordnen. Es wäre nämlich durchaus möglich, daß Punkte $\mathbf{M}^t_{\mathbf{v},p}$, die ähnlichen Geschwindigkeiten zugeordnet sind und räumlich ebenfalls nahe beieinander liegen, zu Aktivitätsbereichen gehören, die von demselben bewegten Objekt hervorgerufen wurden. Um das Auftreten solcher Fehlzuordnungen zu verringern, ist eine Zusammenfassung solcher Punkte $\mathbf{M}^t_{\mathbf{v},p}$ sinnvoll. Wie diese Gruppierung im einzelnen durchgeführt wird, soll im folgenden näher erläutert werden.
Zunächst werden ähnliche Geschwindigkeiten zu G Gruppen $\mathbf{V}_l$, $l \in [1, G]$ zusammengefasst. Geschwindigkeiten werden hier als ähnlich bezeichnet, wenn sie

sowohl im Betrag als auch der Richtung nahe beieinander liegen. Alle K gefundenen Koordinatenkombinationen $\mathbf{M}^t_{\mathbf{V}_l,r}$, $r \in [1,K]$ dieser zusammengefassten Geschwindigkeiten werden nun dahingehend überprüft, ob manche dieser Punkte so nahe beieinanderliegen, daß man sie zusammenfassen kann. Dazu werden zunächst die Abstände all dieser Punkte untereinander bestimmt zu

$$d_{l,i,j} = \sqrt{(x_{\mathbf{V}_l,i} - x_{\mathbf{V}_l,j})^2 + (y_{\mathbf{V}_l,i} - y_{\mathbf{V}_l,j})^2} \qquad mit \tag{40}$$

$$i = 1...K-1 \quad und$$

$$j = i+1...K \quad .$$

Dies ist der Abstand zweier Punkte $\mathbf{M}^t_{\mathbf{V}_l,i}$ und $\mathbf{M}^t_{\mathbf{V}_l,j}$. Die Anzahl dieser Abstände beträgt $\frac{K^2-K}{2}$. Die weiteren Schritte sind wie folgt, sie beschreiben den Clustering-Algorithmus:

1. Es werden ein geeignet gewählter Höchstabstand d_{max} und eine Clustermenge $\mathbf{C}^t$ mit Clustern $\mathbf{C}^t_{l,c}$, $c \in N$, eingeführt. Nacheinander werden alle Abstände $d_{l,i,j}$ betrachtet. Ist der gerade untersuchte Abstand $d_{l,i,j}$ kleiner als d_{max}, so stammen die korrespondierenden Koordinaten $\mathbf{M}^t_{\mathbf{V}_l,i}$ und $\mathbf{M}^t_{\mathbf{V}_l,j}$ vermutlich von dem gleichen Objekt. Falls keiner der beiden Punkte zu einem von q Clustern zugeordnet ist, so wird nun ein neuer Cluster $\mathbf{C}^t_{l,q+1}$ gebildet. Ein solcher Cluster beinhaltet alle Punkte, die einem Objekt zugeordnet werden. Liegt jedoch schon eine Zuordnung beider Punkte zu unterschiedlichen Clustern vor, so werden diese Cluster zu einem Cluster verschmolzen. Ist nur einer von beiden Punkten schon einem Cluster zugeordnet, so wird der andere Punkt diesem Cluster angehängt.
   Falls der untersuchte Abstand $d_{l,i,j}$ größer als d_{max} ist, so stammen die zugehörigen Punkte $\mathbf{M}^t_{\mathbf{V}_l,i}$ und $\mathbf{M}^t_{\mathbf{V}_l,j}$ vermutlich von unterschiedlichen bewegten Objekten. Sie müssen also getrennten Clustern zugewiesen werden. Falls keiner der beiden Punkte einem von q Clustern angehängt ist, so werden sie zwei neuen Clustern $\mathbf{C}^t_{l,q+1}$ und $\mathbf{C}^t_{l,q+2}$ zugeordnet. Ist jedoch einer von beiden schon einem dieser Cluster zugewiesen, so wird der andere Punkt einem neuem Cluster $\mathbf{C}^t_{l,q+1}$ zugewiesen. Sind bereits beide Punkte Clustern zugeordnet, so wird an dieser Zuordnung nichts verändert.

$\underline{d_{l,i,j} \leq d_{max}}$:

$$(\mathbf{M}^t_{\mathbf{V}_l,i} \notin \mathbf{C}^t \wedge \mathbf{M}^t_{\mathbf{V}_l,j} \notin \mathbf{C}^t) \Rightarrow \{\mathbf{M}^t_{\mathbf{V}_l,i}, \mathbf{M}^t_{\mathbf{V}_l,j}\} \cup \mathbf{C}^t_{l,q+1} \tag{41}$$

$$\exists \mathbf{C}^t_{l,c}(\mathbf{M}^t_{\mathbf{V}_l,i} \in \mathbf{C}^t_{l,c} \wedge \mathbf{M}^t_{\mathbf{V}_l,j} \notin \mathbf{C}^t) \Rightarrow \{\mathbf{M}^t_{\mathbf{V}_l,j}\} \cup \mathbf{C}^t_{l,c} \tag{42}$$

$$\exists \mathbf{C}^t_{l,c}(\mathbf{M}^t_{\mathbf{V}_l,i} \notin \mathbf{C}^t \wedge \mathbf{M}^t_{\mathbf{V}_l,j} \in \mathbf{C}^t_{l,c}) \Rightarrow \{\mathbf{M}^t_{\mathbf{V}_l,i}\} \cup \mathbf{C}^t_{l,c} \tag{43}$$

$$\exists \mathbf{C}^t_{l,c_{1/2}}(\mathbf{M}^t_{\mathbf{V}_l,i} \in \mathbf{C}^t_{l,c_1} \wedge \mathbf{M}^t_{\mathbf{V}_l,j} \in \mathbf{C}^t_{l,c_2}) \Rightarrow \mathbf{C}^t_{l,c_1} \cup \mathbf{C}^t_{l,c_2} \tag{44}$$

$\underline{d_{l,i,j} > d_{max}}$:

$$(\mathbf{M}^t_{\mathbf{V}_l,i} \notin \mathbf{C}^t \wedge \mathbf{M}^t_{\mathbf{V}_l,j} \notin \mathbf{C}^t) \Rightarrow \{\mathbf{M}^t_{\mathbf{V}_l,i}\} \cup \mathbf{C}^t_{l,q+1}, \{\mathbf{M}^t_{\mathbf{V}_l,j}\} \cup \mathbf{C}^t_{l,q+2} \tag{45}$$

$$\exists \mathbf{C}^t_{l,c}(\mathbf{M}^t_{\mathbf{V}_l,i} \in \mathbf{C}^t_{l,c} \wedge \mathbf{M}^t_{\mathbf{V}_l,j} \notin \mathbf{C}^t) \Rightarrow \{\mathbf{M}^t_{\mathbf{V}_l,j}\} \cup \mathbf{C}^t_{l,q+1} \tag{46}$$

$$\exists \mathbf{C}^t_{l,c}(\mathbf{M}^t_{\mathbf{V}_l,i} \notin \mathbf{C}^t \wedge \mathbf{M}^t_{\mathbf{V}_l,j} \in \mathbf{C}^t_{l,c}) \Rightarrow \{\mathbf{M}^t_{\mathbf{V}_l,i}\} \cup \mathbf{C}^t_{l,q+1} \tag{47}$$

Diese Schritte werden für alle Abstände $d_{l,i,j}$ der Geschwindigkeitsgruppen $\mathbf{V}_l$ durchgeführt.

2. Jeder Cluster $\mathbf{C}^t_{l,c}$ einer Geschwindigkeitsgruppe $\mathbf{V}_l$ enthält nun die Punkte $\mathbf{M}^t_{\mathbf{V}_l}$, die wahrscheinlich mit dem gleichen bewegten Objekt korrespondieren. Um diese Punkte zusammenzufassen und eine einzige Koordinate pro bewegtem Objekt zu ermitteln, wird der Mittelwert $\mathbf{c}^t_{l,c}$ der n_p Elemente des Clusters $\mathbf{C}^t_{l,c}$ berechnet zu

$$\mathbf{c}^t_{l,c} = \{\bar{x}_{l,c}, \bar{y}_{l,c}\}, \qquad \textit{mit} \tag{48}$$

$$\bar{x}_{l,c} = \frac{1}{n_p}\sum_{i=1}^{n_p} x_{l,i} \qquad \textit{und} \tag{49}$$

$$\bar{y}_{l,c} = \frac{1}{n_p}\sum_{i=1}^{n_p} y_{l,i} \quad . \tag{50}$$

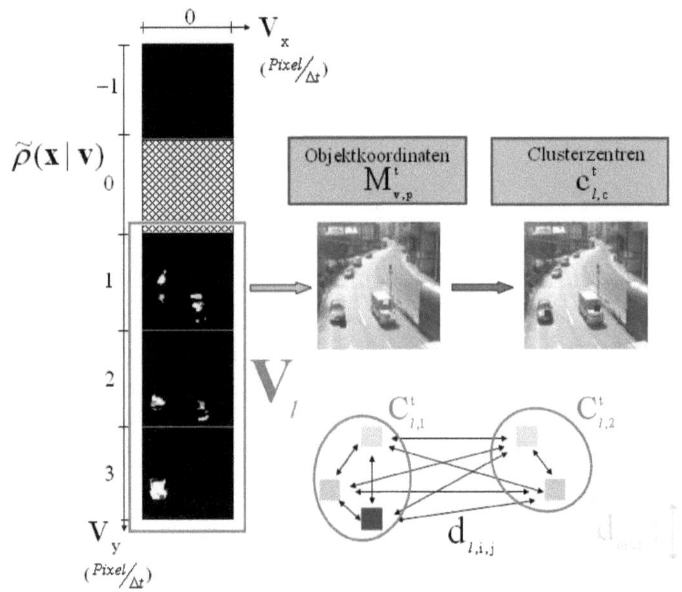

Bild 21: In einer Geschwindigkeitsgruppe $\mathbf{V}_l$ werden die Abstände $d_{l,i,j}$ aller gefundenen Objektkoordinaten $\mathbf{M}^t_{\mathbf{v},p}$ mit einem Maximalabstand d_{max} verglichen. Bei Unterschreitung werden die jeweiligen Koordinaten zu einem gemeinsamen Cluster $\mathbf{C}^t_{l,c}$ zusammengefasst. Bei Überschreitung werden sie getrennten Clustern zugeordnet. Jeder Cluster wird durch sein geometrisches Zentrum $\mathbf{c}^t_{l,c}$ beschrieben.

4 Anwendung

In den vorhergehenden Kapiteln wurde beschrieben, wie bewegte Objekte innerhalb einer Bildfolge erkannt und verfolgt werden können. Desweiteren können diese auch konkret durch eine Position $\mathbf{c}_{l,c}^t$ lokalisiert werden. Es soll hier gezeigt werden, daß sich mit dieser Information schon auf einfache Weise und ohne viel Aufwand Lösungen für verschiedenste Anwendungen realisieren lassen. Ein Beispiel für eine solche konkrete Anwendung ist die Verkehrszählung. In einer solchen Verkehrszählung werden die Straßendurchsätze von Fahrzeugen erfasst, was bis heute meistens von Menschenhand erfolgt. Diese Methode hat Nachteile. Zum einen läßt die Konzentrationsfähigkeit beim Menschen nach längerer erhöhter Aufmerksamkeit nach, wodurch die Verläßlichkeit des Zählergebnisses abfällt. Zum anderen ist der Mensch beispielsweise bei mehrspurigen Fahrbahnen mit hohem Verkehrsaufkommen schnell überfordert und somit ist die Zuverlässigkeit des Ergebnissses ebenfalls beeinträchtigt. Die in dieser Arbeit vorgestellten Algorithmen schaffen hier Abhilfe. Mit einer im Vergleich zur menschlichen Arbeitskraft preisgünstigen Videokamera lassen sich Bildsequenzen aufnehmen und in Echtzeit von den auf einem Rechner implementierten Algorithmen auswerten. Wie diese Berechnungsschritte speziell für diese Verkehrszählung aussehen, soll im folgenden erläutert werden.

Die Positionen $\mathbf{c}_{l,c}^t$ von bewegten Objekten werden berechnet, so wie es in den vorhergehenden Kapiteln ausgeführt ist. Jedes bewegte Objekt kann nun innerhalbeines Bildes $\mathbf{I}^t$ lokalisiert werden. Um die Anzahl aller erkannten Objekte (z.B. Pkw, Lkw, Radfahrer) zu erfassen, wird zunächst eine Zählmaske $\mathbf{Z}$ für die Bildfolge erstellt. Diese Maske hat die gleiche Auflösung wie die Bilder $\mathbf{I}^t$ und besteht aus den binären Werten Null und Eins. In der Maske werden sogenannte Zählbereiche $\mathbf{Z}_1 \in \mathbf{Z}$ mit dem Wert Eins belegt. Liegt nun eine Objektkoordinate $\mathbf{c}_{l,c}^t$ zum Zeitpunkt t innerhalb dieses Bereiches, so wird ein zeitabhängiger Objektzähler n_{ob}^t inkrementiert:

$$\mathbf{Z}(\mathbf{c}_{l,c}^t) \in \mathbf{Z}_1 \quad \Rightarrow \quad n_{ob}^t = n_{ob}^{t-1} + 1. \tag{51}$$

Je nach verwendeter Bildrate ist der Zählbereich so zu wählen, daß Fahrzeuge, die sich mit der mittleren Geschwindigkeit aller Fahrzeuge bewegen, genau einmal in diesen Zählbereich eintreten. Wählt man den Bereich $\mathbf{Z}_1$ so, daß Fahrzeuge, die sich mit der Maximalgeschwindigkeit aller Fahrzeuge bewegen, genau einmal in den Zählbereich eintreten, so können Fahrzeuge mit niedriger Geschwindigkeit mehrmals in diesen Bereich eintreten und fälschlicherweise zu einer mehrfachen Inkrementierung des Objektzählers führen. Wählt man $\mathbf{Z}_1$ so, daß Fahrzeuge mit der Minimalgeschwindigkeit aller Fahrzeuge genau einmal in den Zählbereich eintreten, so kann es sein, daß Fahrzeuge mit höherer Geschwindigkeit nicht in den

Zählbereich eintreten und somit nicht bei der Zählung erfasst werden können. Die Wahl von $\mathbf{Z}_1$ stellt also einen Kompromiss dar und ist je nach gewünschtem Zählmodus individuell an die untersuchte Szenerie anzupassen. In untenstehender Abbildung ist eine solche Zählmaske $\mathbf{Z}$ mit Zählbereich $\mathbf{Z}_1$ gezeigt.

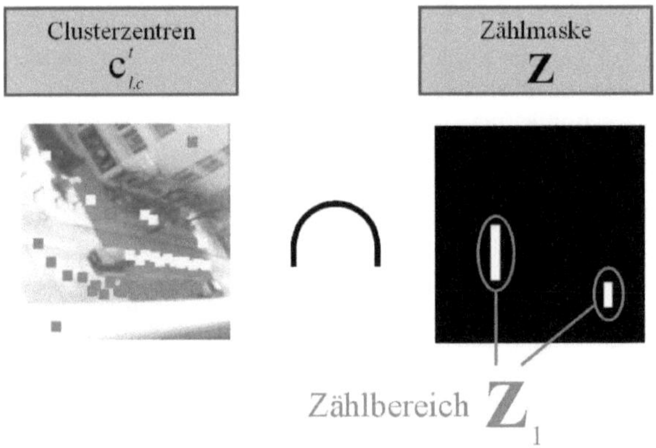

Bild 22: Alle Clusterzentren $\mathbf{c}^t_{l,c}$, die in den Zählbereich $\mathbf{Z}_1$ der Zählmaske $\mathbf{Z}$ eintreten, führen zur Erhöhung eines Objektzählers n^t_{ob}.

5 Programmierung und Benutzeroberfläche

Für eine Anwendung in Echtzeit ist es von sehr zentraler Bedeutung, die zugrundeliegenden Algorithmen so umzusetzen, daß ein sehr zeiteffizient arbeitendes Programm entsteht. Skriptsprachen wie Matlab sind eher für Simulationszwecke im Offline-Einsatz vorgesehen und arbeiten aufgrund einer relativ ineffizient arbeitenden Codegenerierung für anspruchsvolle Echtzeitanwendungen zu langsam. Daher wurden die in dieser Arbeit vorgestellten Algorithmen direkt in der Sprache C programmiert. In dieser Hochsprache stehen für bestimmte Prozessorachitekturen optimierte Befehlsbibliotheken zur Verfügung, in denen besonders leistungsfähige Funktionen bereitgestellt werden. In dieser Arbeit wurde die IPP (*Integrated Performance Primitives*)-Bibliothek verwendet, die speziell für Intel-Prozessoren entwickelt wurde. Sie enthält unter anderem Funktionen, die speziell für Signal- und Bildverarbeitungsanwendungen optimiert wurden. Beispielsweise können Multiplikations- oder Korrelationsoperationen für komplette Bilder in sehr kurzer Berechnungszeit ausgeführt werden.
Um die Parameter der Algorithmen leichter modifizieren zu können und eine benutzerfreundliche Bedienung des erstellten Programms zu ermöglichen, wurde eine Benutzeroberfläche erstellt. Diese Benutzeroberfläche ist an das C-Programm mit den vorgestellten Algorithmen angekoppelt und macht es möglich, viele der darin enthaltenen Parameterwerte abzuändern. Die Einstellungen betreffen sowohl die Bildquellen, die für den Algorithmus verwendet werden können (Videokamera, Mpeg-Filme oder Bildsequenzen), die Ausgaben, die der Algorithmus liefert (grafische Darstellungen von Teilergebnissen) als auch die Parameter des Algorithmus selbst (z.B. Rauschparameter, Fenstergröße für Korrelation, Schwellwerte). Die Abänderungen lassen sich auch im Echtzeitbetrieb vornehmen, so daß Auswirkungen von Parameteränderungen direkt studiert werden können. Die Benutzeröberfläche wurde unter Zuhilfenahme der frei verfügbaren *Gtk*-Bibliothek programmiert, welche Elemente für die Oberflächenprogrammierung bereitstellt. Um solche Parameterauswirkungen besser erkennen zu können und um Einblicke in die Funktionsweise des Algorithmus zu bekommen, wurde zusätzlich eine Visualisierung für Teilergebnisse des Programmes erstellt. Hierbei war die frei verfügbare *OpenCV*-Bibliothek (*Computer Vision*) von großer Hilfe. Sie beinhaltet Befehle, die große Funktionalität in der Interpretation von Bilddaten und deren grafische Darstellung (z.B. Bewegungsschätzung, Objekerkennung und -verfolgung, Visualisierung von Speicherbereichen) bieten. Einige Teilergebnisse können, durch die Oberfläche gesteuert, auf dem Bildschirm ausgegeben werden. So stammen auch einige der in dieser Arbeit verwendeten Grafiken von beispielsweise Wahrscheinlichkeitsverteilungen, Segmentierungskarten oder Clus-

terzentren aus dieser Anzeige. In dem nachfolgenden Bild sind die Benutzeroberfläche und eine Visualisierung von Teilergebnissen beispielhaft dargestellt.

a)
b)

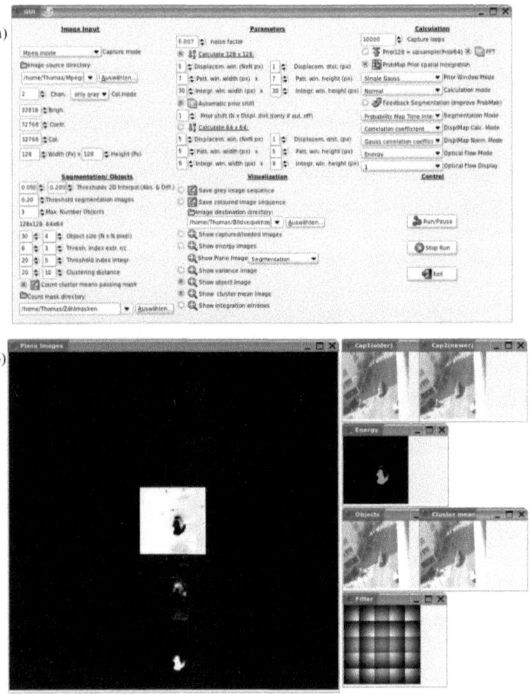

Bild 23: a)Grafische Benutzeroberfläche für Einstellungen, Parameter sowie Programmkontrolle.
b)Teilergebnisse der Algorithmen wie Wahrscheinlichkeitsverteilungen oder Clusterzentren können grafisch dargestellt werden und ermöglichen einen direkten Einblick in den Systemzustand sowie eine Analyse der Auswirkungen von Parameteränderungen.

6 Ergebnisse

In diesem Kapitel sollen einige Ergebnisse des vorliegenden Systems präsentiert werden. Dazu ist es notwendig, allgemein etwas über die getroffenen Parametereinstellungen zu sagen.
Für die Berechnung der Geschwindigkeitsverteilungen wurden die Größe des Suchbereiches $\mathbf{W}$, die Integrationsfenster $\hat{\mathbf{W}}$, der Rauschparameter σ_n sowie der abgesuchte Geschwindigkeitsraum $\mathbf{v}$ variiert. zunächst ist die maximale Geschwindigkeit von Objekten festzulegen, die das System erkennen können soll. Entsprechend dieser Geschwindigkeit ist dann der untersuchte Geschwindigkeitsraum $\mathbf{v}$ zu wählen. Die Größe des Suchbereiches, bestimmt durch die Größe des Fensters $\mathbf{W}$, muss so gewählt werden, daß die maximale Geschwindigkeit erkannt werden kann. Die Gewichtung der Suchbereiche wurde mit einem symmetrischen Gaußfenster $\mathbf{W}$ durchgeführt, dessen Varianz der halben Suchbereichsgröße entspricht. für die Integrationsfenster $\hat{\mathbf{W}}$ wurden ebenfalls symmetrische Gaußfenster verwendet, deren Zentrum in Abhängigkeit der jeweils untersuchten Geschwindigkeit optional verschoben werden kann.
Für die Segmentierung wurden die Schwellwerte τ, τ_i, *d* sowie d_{max} variiert. Der Schwellwert τ für die Diskretisierung der Wahrscheinlichkeitsverteilungen ist dabei so zu wählen, da er den Wahrscheinlichkeitswert einer Gleichverteilung für alle Geschwindigkeiten übersteigt. Die Größe der bewegten Objekte ist maßgebend für den Wert von τ_i und *d*. Der Wert von τ_i sollte der durchschnittlichen Pixelanzahl eines bewegten Objekts entsprechen und für *d* sollte die mittlere Ausdehnung von bewegten Objekten in Pixeln angesetzt werden. Der Parameter d_{max} gibt dem maximalen Abstand an, bis zu welchem die gefundende Objektkoordinaten von ähnlichen Geschwindigkeiten zu Clustern zusammengefaßt werden. Sein Wert sollte dabei nicht den Wert von *d* übersteigen, da sonst unterschiedliche bewegte Objekte fälschlicherweise zu einem Objekt zusammengefasst würden.

6.1 Einstufiges System

Das Beispiel in Abbildung 24 besteht aus aufeinanderfolgenden Bildern einer Verkehrssequenz mit der Auflösung 128 × 128 Pixel. Die Kamera steht dabei still und lediglich Kraftfahrzeuge oder Personen können sich in den Bildern bewegen. Die Berechnung der Wahrscheinlichkeiten und Segmentierungskarten erfolgte hier mit einem einstufigen System der Auflösung 128 × 128 Pixel. Der untersuchte Geschwindigkeitsraum deckt zwei Pixel pro Zeitdifferenz Δt in jede Richtung einschließlich der Diagonalrichtungen ab. Man kann sehen, daß die Wahrscheinlichkeiten der entsprechenden Geschwindigkeitsverteilung an den Orten gut ausgeprägt sind, an denen sich die bewegten Fahrzeuge befinden. Auch die Segmentierungskarte weist in diesen Bereichen Aktivität auf. Nehmen die

Fahrzeuge eine bestimmte Größe an, so werden sie in den betreffenden Schichten als bewegte Objekte erkannt. Die Clusterung fasst die gefundenen Objektzentren korrekt zusammen, so daß die Clustermittelpunkte stets gut innerhalb der bewegten Objekte liegt. Die Objekte werden kontinuierlich verfolgt. Die mittlere benötigte Zeit für eine komplette Berechnung beträgt 260 ms. Manuell wurden in dieser Sequenz 217 Fahrzeuge gezählt, der Algorithmus lieferte ein Ergebnis von 241 Fahrzeugen.

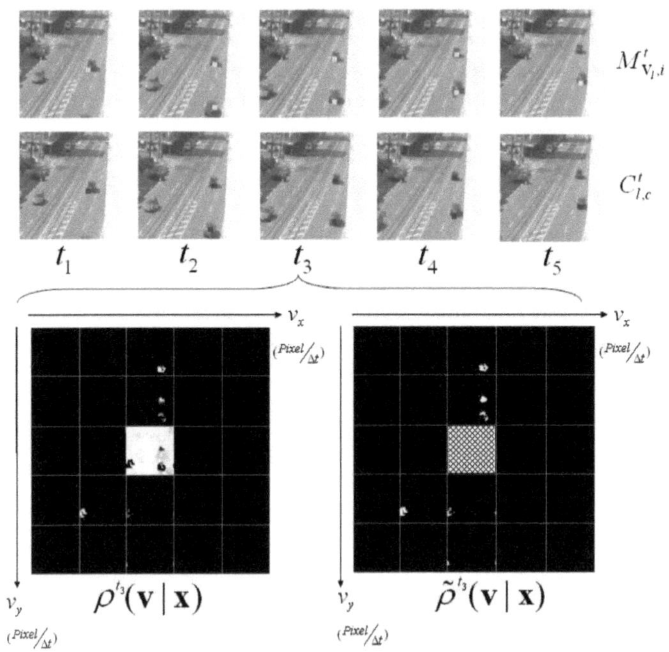

Bild 24: Wahrscheinlichkeitsverteilung $\rho^t(\mathbf{v}|\mathbf{x})$, Segmentierungsfunktion $\tilde{\rho}^t(\mathbf{v}|\mathbf{x})$, Objektmittlepunkte $\mathbf{M}^t_{\mathbf{V}_l,i}$ und Clusterzentren $\mathbf{C}^t_{l,c}$ für das einstufige System bei einem untersuchten Geschwindigkeitsraum von bis zu zwei Pixeln pro Zeitschritt Δt.

6.2 Einstufiges System mit reduziertem Geschwindigkeitsraum 1D

In diesem Beispiel wurde die Einsparung an Rechenzeit für Bildsequenzen untersucht, die einen Bewegungsfluss in einer Hauptbewegungsrichtung aufweisen. In der hier verwendeten Bildsequenz bewegen sich die Fahrzeuge vertikal durch das Bild. Die Auflösung beträgt 128 $\times$ 128 Pixel. Der untersuchte Geschwindgkeitsraum beschränkt sich hier auf einen Bereich von zwei Pixel pro Zeitintervall Δt. Es ist zu sehen, dass sich die bewegten Fahrzeuge gut in der Wahrscheinlichkeitsverteilung abheben und damit auch gut in der Segmentierungskarte detektiert werden. Die Zählung der Clusterzentren, die in die Zählmaske eintreten, ergibt 291 bewegte Objekte. Die manuelle Auswertung liefert 268 Fahrzeuge. Es ergibt sich aufgrund des reduzierten untersuchten Geschwindigkeitsraumes eine deutliche Einsparung der Berechnungszeit, die hier im Mittel 55 ms für einen kompletten Berechnungsgang beträgt.

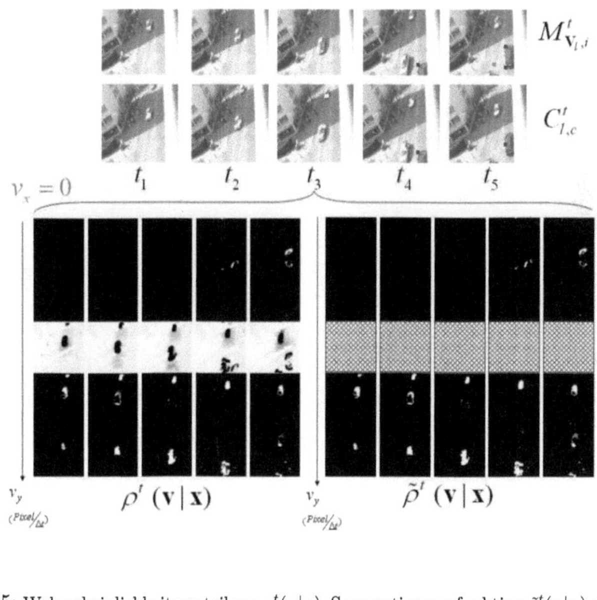

Bild 25: Wahrscheinlichkeitsverteilung $\rho^t(\mathbf{v}|\mathbf{x})$, Segmentierungsfunktion $\tilde{\rho}^t(\mathbf{v}|\mathbf{x})$, Objektmittelpunkte $\mathbf{M}^t_{\mathbf{V}_l,i}$ und Clusterzentren $\mathbf{C}^t_{l,c}$ für das einstufige System mit einem eindimensionalen vertikalen Geschwindigkeitsraum von bis zu zwei Pixeln pro Zeitschritt Δt.

6.3 Einstufiges System mit reduziertem Geschwindigkeitsraum 2D

Das hier vorgestellt Beispiel soll dazu dienen, die Einsparung der Berechnungszeit und Lokalisationsgüte des Systems zu zeigen, wenn man eine Bildsequenz nur auf Objekte mit Geschwindigkeiten absucht, die in Richtung der Bildhauptachsen liegen. Die Bilsequenz hat eine Auflösung von 128 × 128 Pixel. Für dieses System beträgt die benötigte Zeit eines Berechnungsdurchganges im Mittel 132 ms. In Vergleich zu 193 manuell gezählten Fahrzeugen erkennt der Zählalgorithmus 228 Fahrzeuge.

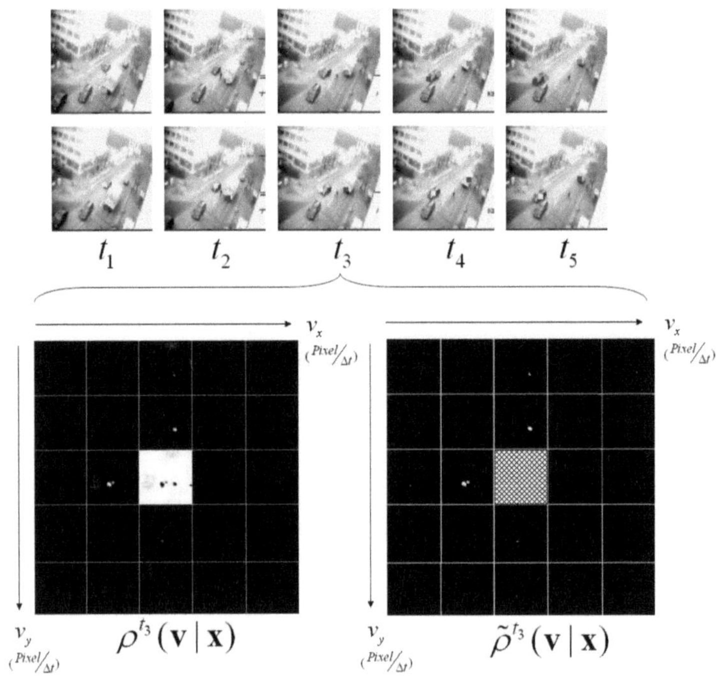

Bild 26: Wahrscheinlichkeitsverteilung $\rho^t(\mathbf{v}|\mathbf{x})$, Segmentierungsfunktion $\tilde{\rho}^t(\mathbf{v}|\mathbf{x})$, Objektmittelpunkte $\mathbf{M}^t_{\mathbf{V}_l,i}$ und Clusterzentren $\mathbf{C}^t_{l,c}$ für das einstufige System mit einem zweidimensionalen Geschwindigkeitsraum in horizontaler und vertikaler Richtung von bis zu zwei Pixeln pro Zeitschritt Δt.

6.4 Zweistufiges System

Für das zweistufiges System wurden zwei Stufen der Auflösungen 128 × 128 und 64 × 64 Pixel verwendet. Der abgesuchte Geschwindigkeitsraum deckt hierbei Objektbewegungen von bis zu 2 Pixel pro Berechnungszeitschritt ab. Die benötigte Zeit für einen Berechnungsdurchgang beträgt 251 ms. Dies ist eine erhebliche Einsparung gegenüber dem einstufigen System, welches den gleichen Geschwindigkeitsraum absucht. Für die gleiche Bildsequenz ergibt sich ein Zählergebnis von 301 Fahrzeugen gegenüber 277 manuell ermittelten Fahrzeugen.

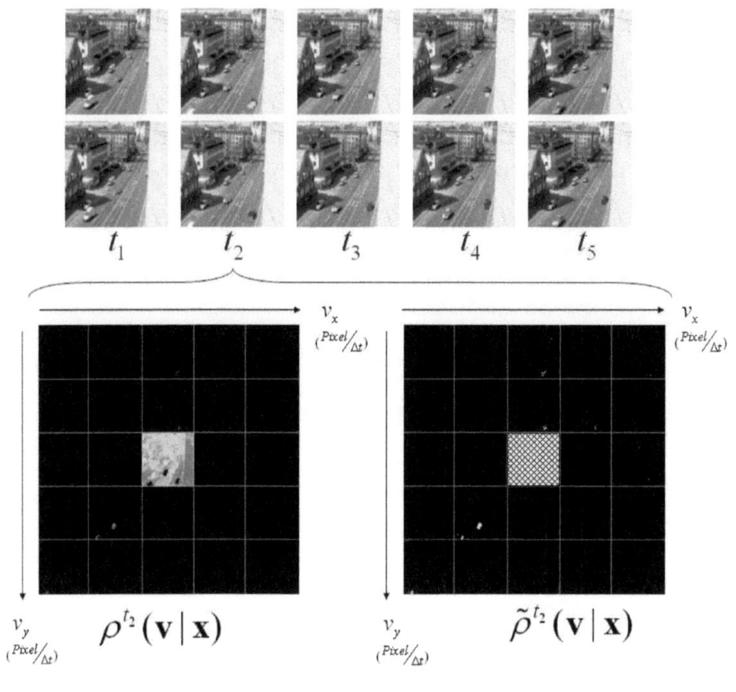

Bild 27: Wahrscheinlichkeitsverteilung $\rho^t(\mathbf{v}|\mathbf{x})$, Segmentierungsfunktion $\tilde{\rho}^t(\mathbf{v}|\mathbf{x})$, Objektmittelpunkte $\mathbf{M}^t_{\mathbf{V}_l,i}$ und Clusterzentren $\mathbf{C}^t_{l,c}$ für das zweistufige System mit einem Geschwindigkeitsraum von bis zu zwei Pixeln pro Zeitschritt Δt.

6.5 Zusammenfassung

In nachfolgender Tabelle sind die obigen Ergebnisse nochmals zum Vergleich aufgelistet.

	Einstufig	Einstufig 1D	Einstufig 2D	Zweistufig
Berechnungsdauer/ms	260	55	132	251
Objekte manuell/Stück	217	268	193	277
Objekte autom./Stück	241	291	228	301
zeitl. Einsparung in %	-	**78.8**	**49.2**	**3.5**
Zählfehler in %	**11,1**	**8,6**	**18,1**	**8,7**

Tabelle 1: Vergleich der Berechnungszeiten und der Zählergebnisse verschiedener Systeme

Man sieht, daß alle Systeme, die zur Reduzierung des Berechnungsaufwandes dienen sollen, eine geringere Zeit für einen Berechnungsdurchlauf benötigen als das normale einstufige System. Bei einer durchschnittlichen Berechnungsdauer von 55 *ms* des einstufigen Systems mit eindimensionalem Geschwindigkeitssuchraum und einer Aufnahmedauer von durchschnittlich 3 *ms* pro Bild kann eine Bildrate von etwa 16 Bildern pro Sekunde erreicht werden, wenn immer zwei Bilder direkt hintereinander aufgenommen werden. Somit steht dem Algorithmus eine hohe zeitliche Informationsdichte zur Verfügung.

Die Anzahlen der von den Systemen gezählten Fahrzeuge liegen alle über den manuell ermittelten Werten. Dies kommt daher, daß bewegte Objekte mehrfach in den Zählbereich der Zählmaske eintreten. Die Systeme erreichen im Mittel eine Zählgenauigkeit von etwa 88,4 Prozent. Dies ist im Vergleich zur manuellen Zählung durch den Menschen schon ein recht guter Wert. In der Einführung wurde schon erwähnt, daß die Konzentrationsfähigkeit des Menschen schon nach kurzer Zeit erhelblich nachläßt und er bei grossem Verkehrsaufkommen schnell überfordert ist. Bestehende Zählverfahren, die auf verschiedenen Sensortechnologien wie beispielsweise der Induktionsschleife bestehen, erreichen jedoch schon Zählgenauigkeiten von bis zu 95 Prozent [10]. Hierbei ist jedoch zu erwähnen, daß diese oftmals einer kostspieligen und aufwendigen Unterhaltung sowie Wartung bedürfen. Ein weiterer Nachteil ist, daß solche Einrichtungen meist nicht mobil einsetzbar, sondern an einen Einsatzort fest gebunden sind.

Die gleiche Zählgenauigkeit erreichen auch bestehende videobasierte Verfahren, allerdings sind diese, wie in der Einführung angesprochen, oftmals nur für bestimmte Szenerien oder Objekte einsetzbar [10].

Desweiteren sei hier noch erwähnt, daß die bei der Objektzählung verwendeten Zählmasken nicht für die zu zählenden Objekte und Szenerien optimiert wurden. Hierbei ließe sich bestimmt noch eine Verbesserung der Zählgenauigkeit erreichen.

Ausblick

Das in dieser Arbeit entworfene System zur Echtzeitverfolgung von mehreren Objekten bietet eine solide Grundlage für weitere Untersuchungen und Verbesserungen. Die verwendeten und erweiterten Algorithmen basieren auf einer fundierten mathematischen Grundlage und werden seit längerem auf die Tauglichkeit im praktischen Einsatz überprüft [2].
Eine interessante Fortführung dieser Arbeit wäre eine effektive Implementierung auf einem Mikrokontroller. Damit wäre das System mobil einsetzbar und könnte ohne Einsatz von unhandlichen Rechnern direkt an den betreffenden Einsatzorten betrieben werden.
Es sind noch einige Erweiterungen und Veränderungen des Systems vorstellbar, die unter anderem eine zusätzliche Beschleunigung des Algorithmus und somit eine Einsparung von wertvoller Berechnungszeit bewirken können. Beispielsweise könnten in dem zweistufigen System (Abb. 14) die Objekterkennung durchgeführt werden, bevor die unterschiedlichen Auflösungsstufen wieder zusammengeführt werden. Dadurch würde Berechnungszeit bei der Objekterkennung der groben Auflösung eingespart werden.
Desweiteren könnte eine genauere Untersuchung angestellt werden, welche sich mit den geschwindigkeitsabhängigen Integrationsfenstern (Abb. 3) beschäftigt. Beispielsweise könnten andere Verschiebungen oder Fensterfunktionen erprobt werden. Solche Verschiebungen und andere Funktionen könnten auch bei den Fenstern $\mathbf{W}$ zur Berechnung der Likelihood-Messung zum Einsatz kommen. Hier wäre eine Verbesserung der Schätzung durchaus denkbar.
Um bei dem System mit reduziertem Geschwindigkeitsraum in beiden Hauptachsenrichtungen eine bessere Erkennung von schräg bewegten Objekten zu erreichen, wäre es denkbar, die hier verwendete Strategie weiter zu verbessern. Die hier verwendeten Schwellwertfunktionen könnten abgeschwächt werden durch Sigmoidalfunktionen, um eine bessere Schnittmenge aus den Hauptachsenverteilungen zu erhalten.
Um eine Verbesserung der Zählgenauigkeit zu erreichen, können die Zählmasken für die jeweilige Szenerie und die zu zählenden Objekte optimiert werden.

Literatur

[1] Y. Weiss, „Bayesian motion estimation and segmentation", *Dissertation, MIT, 1998*

[2] V. Willert, J. Eggert, J. Adamy, E. Körner, „Non-Gaussian Velocity Distributions Integrated over Space, Time and Scales", *submitted to IEEE Transactions on Systems, Man and Cybernetics, 2004*

[3] S. S. Beauchemin und J. L. Barron, „The Computation of optical Flow", *ACM Computing Surveys, Vol.27. No.3, 1995*

[4] W.B. Thompson und T. Pong, „Detecting moving objects", *Int. Journal of Computer Vision, 1990*

[5] J.H. Duncan und T.Chou, „On the detection of motion and the computation of optical flow", *IEEE PAMI, 1992*

[6] Q. Zheng und R. Chellappa, „Automatic feature point extraction and tracking in image sequences for unknown image motion", *Proceedings of ICCV, 1993*

[7] I. Cohen und G. Medioni, „Detecting and tracking moving objects in video surveillance", *Proceedings of IEEE Conference on CV and PR, 1999*

[8] Y.Wang, R.E. Vand Dyck und J.F. Doherty, „Tracking moving objects in video sequences", *Proceedings of Conference on Information Sciences and Systems, Princetown, NJ, 1999*

[9] A.J. Lipton, H. Fujiyoshi und R.S. Patil, „Moving target classification and tracking from real-time video", *Proceedings of Fourth IEEE Workshop, 1998*

[10] H.S. Mahmassani, C. Haas, S. Zhou und J. Peterman, „Evaluation for incident detection methodologies", *Center for Transportation research, UT Austin, 1998*